你所谓的稳定

不过是在浪费生命

李尚龙 —————— 著

图书在版编目（CIP）数据

你所谓的稳定，不过是在浪费生命 / 李尚龙著. —北京：北京联合出版公司，2022.4
ISBN 978-7-5596-5911-8

Ⅰ.①你… Ⅱ.①李… Ⅲ.①成功心理－通俗读物 Ⅳ.①B848.4-49

中国版本图书馆CIP数据核字（2022）第022367号

你所谓的稳定，不过是在浪费生命

作　　者：李尚龙
出 品 人：赵红仕
责任编辑：孙志文

北京联合出版公司出版
（北京市西城区德外大街83号楼9层　100088）
三河市中晟雅豪印务有限公司印刷　新华书店经销
字数210千字　880毫米×1230毫米　1/32　印张10.25
2022年4月第1版　2022年4月第1次印刷
ISBN 978-7-5596-5911-8
定价：49.80元

版权所有，侵权必究
未经许可，不得以任何方式复制或抄袭本书部分或全部内容
本书若有质量问题，请与本公司图书销售中心联系调换。电话：（010）82069336

> 青春不是你拥有的全部,
> 因为青春早晚会过去。
>
> 只有在路上奔波的人,
> 才会不惧时光的残酷。

> 坚信随着自己越来越棒，会有一个人在不远的地方等着你。
> 这样的你，才应该是幸福的你，
> 是讨人喜欢的你，是自己爱的你。

我们可以被磨平棱角，但是不能变成自己曾经不喜欢的模样，至少当我们老了后，可以自豪地说，我这辈子，让这个世界变好了一点点。

每个人都有不可忘怀的青春，
那些看似淡了的友情岁月，
时而也会露出清晰的轮廓，
在夜深人静时，
伴随着我们每一个人。

新版序言

我在2016年写了这本书。其实准确地说,是写了一篇文章,那篇文章最开始叫《所谓的稳定》,也就是本书的第一篇文章。

我记录了几个希望可以稳定下来的朋友的日常,他们虽然想安稳下来,却都走得跌跌撞撞,看似写的他们,其实写的是我自己。我本科读的军校,那是真正的稳定,可是,我读到大三就退学了。还记得当我走出学校大门的时候,我的队长告诉我:"接下来要靠你自己了,外面的生活可不稳定。"

说真的,一开始我很怕,而且怕了很久,所以一直没命地工作,可就在我写完那篇文章之后,我突然意识到,这不是常态吗?这世界一直在变,哪有什么稳定呢?

还记得写完那篇文章后的一个下午,我把它发给一个军校的朋友看,他看了之后若有所思地说:"好像是这样,我们都应该保持离开体制还能活得很好的能力。"

我知道这篇文章能帮助很多人,于是把它发到了网上,却没想到,我的梦魇从此开始了。

这篇文章的阅读量很快就达到了十万以上,随后被转发得到处都是。也就是那个时候,我被很多人批评,很多人都没看文章的具体内容,只看个标题就跟我吵了起来。

那时的我身上还有好多戾气,一言不合就在网上和别人吵。现在想来,很羡慕那个时候的青春,无拘无束无所畏惧。一晃,现在的我已经是三十多岁的人了,会时刻提醒自己,要稳重一些。

这些年,总有小伙伴问我,你关于稳定的态度变了吗?

这个问题我放在这篇序的最后回答。

有趣的是,每年这本书都会重新上热搜,尤其是春节假期后,当人们重返工作岗位,开始思考人生时,稳定和非稳定的话题就再次被抬了出来。

我在教培行业很多年,这些年大家从热衷于考雅思、托福转向了考研,然后又从考研转向了公考。这意味着越来越多的年轻人在经历挫折或者看到别人经历挫折之后,有了反思,觉得躺下来真香。

可是,就在大家觉得公务员很稳定的时候,公务员也开始了改革。在知乎上有一条很热的问题:有些公务员要是失业了,该怎么办?

第一条答案,竟然又是我的那篇文章《你所谓的稳定,不过是在浪费生命》。

说回我自己,刚加入新东方的时候,我还是一名普通的老师,那个时候,江湖上流传一个口号:大众创业,万众创新。没多久,我放弃了年薪几十万的工作,也加入了创业大军。

我和几个合伙人一起创立了一家专注考四六级及考研的在线教育公司，创业之初我穷得差点儿连房租都交不起，三年后，这家公司在资本的帮助下，估值四个亿美金。

后来资本的疯狂渐渐停止，我和我的合伙人相继离开这家公司，一个去了橙啦教育继续飞驰，一个创立了飞驰学院继续成长。还有一个，目前没有下家，因为这么多年，他一直相信着稳定。

说回我的观点，这些年，我的态度依旧没有改变：没有所谓的稳定，这世界上最大的稳定就是改变。

所以，你要具备随时可以离开任何平台的能力。

人会变，环境会变，生活会变，就连行业和赛道都可能瞬间消散。你唯一可以相信的，是一个不断进步的自己。

感谢磨铁图书，让这本书得以再版，一本书的生命周期可以这么久，这让我觉得受宠若惊。再次阅读内文的时候，我仿佛看到二十多岁的自己再次走到了今天的我面前。

请你相信时间的力量，相信努力和奋斗这些别人唾弃的词语，如果你正值青春年少，请随着我一起走进青春的世界吧。

这是我的"励志三部曲"系列的第二部，希望你能够喜欢。

李尚龙

2022.2.17

序 言

2015年，我出版了人生第一本书：《你只是看起来很努力》。

依稀记得几年前，我深夜在家码字，只是为了梳理思绪，从未想过自己会成为一名作者。

有一段时间，我的文字忽然被传播得很广，这让我觉得恐慌，生怕一些文字会无意间伤害到别人。于是，每次写完，自己都会看很多遍，然后再发出去。

写到朋友的时候，我用的都是化名，怕真实的故事情节会伤害到他们。

有人问我，为什么你要出这第一本书？

他们以为我会说一些激扬励志的话，可是，接下来的回答，可能也会让你失望：因为那时我没钱了。

的确，今年年初，我从新东方辞职了。我没有买房，把自己这几年的存款全部投入"龙影部落"工作室，那时，我还计划着要出国读书。

之前很多出版社编辑找过我，说，你写的文章很火，要不要出一本书？

我一直想，等到自己四五十岁时再写点东西，也算是人生回忆，但是现在我只有二十多岁，正是往前看的日子，干吗非要写书？

可是，当房东来家里收租金、当钱包越来越瘪的时候，我知道，自己快扛不住了。

之后我再也没有拒绝每一个上门的编辑，我的要求很简单，首印两万册。因为当时我想的是，两万册应该是最大销量了，没想到，这本书后来竟然成了年度现象级的畅销书。

那时我想，这两万册能让我得到救急的四万元版税，至少可以让我暂时渡过难关。

所以，我攒了之前的一些稿子，然后夜以继日地创作，终于在交稿截止日前全部完工。

可创作跟学习不一样，不是你一味地堆时间就能有好的结果。

于是，就出现了那本书被部分读者质疑的结果。后面的几篇文章写得没有走心，有读者抱怨：这本书有点虎头蛇尾，前面写得挺好，后面写得不好……

幸亏这样的文章不多。

对不起了，各位。我后来才开始明白，一个搞创作的人，如果有经济问题和生活压力的困扰，是搞不好创作的。

写作如此，拍电影亦然。

幸运的是，自6月开始，我们的电影工作室开始赚钱了：我和另外两位老师搞的四六级培训,一个月招生超过一万人,更多学生因为我们,上得起课外辅导班,听得起课了。

他们说,原来报一个班那么贵,我们都上不起,是你们,让教育平等了。

是的,我终于不缺钱了。

有一段时间,我自费去全国各地演讲,见到了无数的读者,我用最放松的状态跟他们交流,用最好的状态跟他们分享。随着那一次次的交流,我也成长了不少。

这一年,我去了很多地方,认识了很多人,看明白了很多事情。

一些人,因为稳定,放弃了梦想。很多人,为了合群,去迎合无用的社交。不少人,不喜欢现在的生活,却不知道如何改变。

接下来,无数个夜晚,我安静地写下了一些文字。里面有之前广为流传的《你所谓的稳定,不过是在浪费生命》《那些无用的社交》;还有去台湾时,跟老兵喝酒后写下的故事《故乡的人》;有看电影后因为感动写下的作品《滚蛋吧,×蛋的生活》;也有一天晚上,忽然因为一个电话哭着写下的文字《友情岁月》。

这些文字,出于内心,而不是出于现实。

记得那篇《你所谓的稳定,不过是在浪费生命》忽然传遍了大江南北时,我的微博里多了许许多多的骂声。一开始这些恶毒言语很困扰我,后来有一天,朋友跟我说,这是因为你写的不是鸡汤文,而是刺痛懒人的针,是惊醒人的鞭炮,是打脸的巴掌。

这本书，依旧没有无聊、无用的励志口号，一个个鲜活的故事，暗示着生活的道理。

苏格拉底认为，"未经审视的人生，不值得一过"。我相信自己还会继续写下一些文字，那些经过审视的作品，只会越来越好。

当初第一本书写完后，媒体问我，第二本书什么时候出？

我曾经回答，后会无期，如果出了，一定不是因为钱，而是在最好的状态下写出的最好的作品。

现在，它来了。

这些年，无论多忙，我都实现了自己的诺言，你们给我微博的留言，我都有看。

关于这本书，也希望里面的真诚能打动你。若哪个故事让你记忆犹新，记得留言给我。

愿你在成长的路上，因有我的文字陪伴，不那么孤单。

李尚龙

于北京

2015.10.22

目 录 ──── CONTENTS

Part 1

你所谓的稳定，不过是在浪费生命

你所谓的稳定，不过是在浪费生命 002
当你对生活束手无策，就活该被这个世界唾弃 008
人是如何一步步废掉自己的 014
放弃那些无用的社交，你会过得更好 020
人总要经历沧桑，才能见到曙光 025
打败焦虑最好的方法，是去做那些让你焦虑的事情 034
不要让三十岁限制你的人生 039
打败同龄人的四条法则 046
只有偏执狂，才能创造卓越 050
人生路上，每个人都要学会独自成长 055
谁不是一边破碎一边前行 058
一个人变得平庸，是从接受平凡开始的 065
其实你没有想象中那么忙 069

珍惜浪费的时间，才能拉开你和别人的差距　073
职场中既要站稳脚跟，又要眺望远方　078
你的善良，要有锋芒　082

Part

2

认准的路，就别问能走多远

认准的路，就别问能走多远　086
坚守底线，不向这个世界妥协　091
你只有非常努力，才能看起来毫不费力　101
无论在哪儿，请保持可以随时离开的能力　110
每一分努力，都在夯实梦想的道路　117
你总能做点事情，让世界变得更好　125
你是想帮助别人，还是想实现自我价值　135

让自己有底气，与世界平等对话　143
心跳驱走寒冷，微笑传递温暖　150
好好活着，世界不会因为你离开而改变　156
人生可以回头看，但不要往回走　163
困住你的不是生活，而是自己　171
不要轻看任何一个普通人　179
聪明的人懂得用表达代替沉默　185
努力是为了不让梦想遥不可及　191
奔跑的路上，要学会暂缓脚步　196
没有哭过的夜晚，不足以谈人生　204

Part

3

你不需要变成别人期待的样子

不要把安全感建立在别人身上　210
真正优秀的人，都在暗处默默努力　217
在错误的时间，认识了正确的人　223
你不需要变成别人期待的样子　227

你自己才是生活和感情的主人　233
当爱情不是你期待的样子，及时止损就好　239
好的爱情，是精神上的门当户对　245
无趣的不是对方，是你还没有收心　250

Part 4

永远在路上的少年

永远在路上的少年　260
故乡的人　265
他的肩膀撑起了我的梦想　272
带着青春，去大排档　282
当时光走散了故人　288
不要活在别人的朋友圈里　298
摆脱他人的期待，遵从自己的内心　303

后　记　308

Part 1

你所谓的稳定，
不过是在浪费生命

只要有一技之长，想去哪里，就去哪里，
总能找到工作，饿不死。

你所谓的稳定,不过是在浪费生命

朋友 D 回不了北京了。

那年毕业分配,他一切准备就绪,领导跟他说,你先去基层任职一年,然后回北京。

D 点头说,只要能回北京,基层无论多远,我都去。

我曾经跟 D 讨论过所谓的稳定,那个时候,我已经是一个自由职业者了。

他说,体制内稳定,每个月都有固定工资,不用担心吃穿,还能抽时间做自己的事情。

我说,那种稳定,总觉得怪怪的。

D 说,你看,你每天必须充实奋斗,而我不一样,我可以躺着睡大觉,一个月还有五千的收入,再看看你,如果一天不奋斗,就没有了收入。

我说，可是，人生不就是要奋斗的吗？

他说，但是我更稳定，我有了稳定的生活，也可以继续奋斗啊。

我说，可是你们既然拿了月月一样的工资，所有人干活儿和不干活儿得到的回报都一样，那谁还会继续干活儿呢？

他说，可是很多人都在追求稳定的生活啊。

我说，很多人做不代表它是对的，我不觉得你稳定，因为你的生活可变性太大。而自由职业者的工作，凭借自己的努力，市场会给出一个相对公平的分数，只要每天奋斗，生活是在自己手上；可你不一样，你的生活变数很大，谁知道今天被赏识的你明后天会不会被厌弃。

他说，什么意思？

我开玩笑地说，比如你要回北京，要找人，要求人；而我，只要有一技之长，想去哪里，就去哪里，总能找到工作，饿不死。

他说，但是我们去北京的结果是一样的，并且我过得会更容易一些。

我没说话，风吹得很猛烈，吹进我们的内心：一颗红彤彤；另一颗懒洋洋。那个冬天，D离开了北京，去基层任职。

一年后，命令下来了，D回不了北京了，因为回京的名额没有了。

我曾经问过自己，到底什么才是稳定？一份稳定的工作、一个户口，还是一套三居室的房子？可是，直到今天，我很难理解为什么每个月五千块钱的工资，上班喝茶看报纸就是稳定，很难理解一个人要有一套房子之后才能去爱一个人,很难理解必须有北京户口才能在北京开始生活。

无论如何,年轻时不去冒险,只是为了稳定而加入一个单位,为了稳定而从事一份职业,这样的青春总觉得怪怪的。

想到曾经在电视台工作过的一个朋友——S。那年,我和她在旅行的途中聊天,她告诉我,电视台好啊,工作稳定。

我说,怎么见得呢?

她说,一个月七千,五险一金。你虽然赚得不少,但不是那么稳定啊。

我不甘示弱地说,我能赚更多。

她说,我们发米和油。

我说,我能去楼下超市买。

她瞪着我说,我们每天朝九晚五。

我开玩笑地回应,我每天睡到自然醒,晚上上课,白天写剧本,深夜还能看书。

她忽然认真了,说,我有年假,可以旅游。

我说,我想去哪里就去哪里,想什么时候去都可以。

一番辩论后她愤愤不平,那一路,我们没有再讨论这个话题。下车前,她跟我说,李尚龙,你很不成熟。

看她认真了,我赶紧收起了玩笑,不再说话。

我支持每一种人的生活方式，本不应该评价，更不应该指责，完全只是玩笑，却把一个朋友惹急了。

在之后的几年，我都不再去评价别人的生活。

几年后，S和她的男朋友分别被外派，两人开始了异地生活。

临走前，S告诉我，她不愿意这样被分开，她和男友刚开始讨论结婚的话题，可是她的领导说外派回来升职会很快。

那时我正在谈恋爱，女朋友去了美国，也是异地恋。

我说，我明天去美国，找她去。

她喝了一口酒，说，还是你稳定。

几年后，她从台北回来。她说，我们都和另一半分手了，你看，我们结果是一样的。

其实，我和女友分手是因为我们最终无法平等交流，而她和男友分手，是因为他们被迫异地了。那天，我们回到了最初离别的酒吧，她笑着告诉我，她外派回来，已经物是人非，没有岗位提供给她了，留下的，只剩下被外派的那段经历。

我说，如果你不走，他们不会赶你走的，对吧？

她说，不会，毕竟工作性质很稳定。

我说，那为什么不留下来？

她说，有什么意义呢？

她眼睛看着窗外，灯光照到她的脸上，泪水被照得晶莹透亮，就像她在纪念自己无法控制的青春。

她回头跟我说,你比我成熟太多。

那天我忽然明白,这世界既然每天都在变,所谓的稳定,或许根本不存在。这世上唯一不变的就是改变本身,所以唯有每天努力奔波,才不会逆水行舟,不进则退。我们父母那个年代所谓的组织解决一切、政府承包所有的生活,已经一去不复返了,随着经济的快速发展,早已经完全改变了。

可是,在我们身边还有不少人,为了户口丢掉生活,为了稳定丢掉青春,为了平淡丢掉梦想。

前几天,我再次见到了D,他又跟我讲了一个故事。他的师兄,三十岁,稳定了半辈子,娶了老婆,正准备生孩子,忽然那个月,犯了一个错误被开除了。

他离开稳定的岗位时,居然发现毕业八年,他除了喝茶看报纸、写不痛不痒的文件什么都不会,他拿着自己的简历,跟刚毕业的大学生竞争岗位,可是他丧失了所有的竞争力。连大学四年学的计算机知识,也随着平静的日子丢掉了。

一年后,老婆跟他离婚了。

一天,他拖着疲惫的身躯,跟D说,如果你要走,就早点走,就赶紧走;如果不走,也别在最能拼搏的年纪就选择了稳定,更别觉得这世界有什么稳定的工作,你现在享的福都是假象,都可能在以后的某一天消失。生活是自己的,奋斗也不是为了别人,拼搏是每天必做的事情,只有每天进步才是最稳定的生活。

是啊,只有每天进步才是最稳定的生活。既然如此,为什么还要为了所谓的稳定放弃闯荡天涯,为了稳定丢掉生命无限的可能?既然世界上最大的不变是改变,那么就在这多姿多彩的生活里努力绽放吧。

行走的路人,没人喜欢平稳的道路,无论道路两旁的花草多芳香。再忙碌的人也会多看一眼风中的百花,即使它们不像泥土那样稳稳地在那里,但它们的努力绽放,毕竟给这世界带来了难忘的片段。这个,是不是你我想要的呢?

当你对生活束手无策，就活该被这个世界唾弃

《滚蛋吧！肿瘤君》举行发布会时，熊顿已经离开人世了。说实话，如果不是基于真实事件改编，我也不会流着眼泪从头看到尾。旁边的女孩子哭得稀里哗啦，男孩子也时不时地抽泣。我们哭，是因为一个这么坚强的女孩子却染上了不可治愈的绝症，或者说，一个女生得了绝症，竟然还如此乐观地生活。就算是在熊顿的葬礼上，播放的视频中她露出的依旧是清纯的笑容。

那些哭的人，是因为比别人拥有的多得多，却没有过着自己想过的生活。

那些流泪的人，是因为比别人幸福得多，却一直不满现状，牢骚满腹，没勇气乐观向上地过着每一天。

可你是否想过，如果明天就是你的最后一天，这辈子，你是否会后悔。

如果明天是最后一天，你还有什么没有做？

我是一个很能折腾的人，这几年我的身份从军校学生到英语老师、电影导演，再到作家，一直在变。有人问过我，为什么你能做这么多事情，好厉害。其实我的答案很简单，因为我怕明天就是我的最后一天，这一辈子，如果没有生活得足够精彩，是不是太可惜了。

2012年，末日传说盛行，不管你信不信，我是信了。那年我活得特别消极，每次遇到朋友都会问，如果2012年12月21日真的是世界末日怎么办？还有好多事情没做。

朋友笑了笑，说，放心吧，不会的。

我在纸上写了十个目标，说，今年无论如何都要完成这些目标。这些目标，有些写得很有趣，如我要去西藏，去全世界最高的地方；有些写得很感人，如我要一个人看一场五月天的演唱会；有些写得很激动，如我要一个人去旅行，无论去哪里；还有些写得很实在，如我要拍电影，给世界留下点什么；有些写得很浪漫，如我要追求一个只见过一面的女孩子。

当目标被写在纸上的时候，忽然前方的门打开了，我很容易就能看到门外面的那束光了。

那时我在北京打拼了几年，有了一点积蓄，可以付个首付买套房，以后慢慢地还房贷。可我总觉得如果这就是生活，这就是宿命，我真不甘心。

于是,我买了一张去西安的机票,在毫无准备的前提下从西安到成都,从成都到凤凰,再从凤凰到西藏。一个人,一副耳机,一本书,就出发了。

我写了一封情书给一位我只见过一面的女孩子,几次胡搅蛮缠后,她答应与我交往了。

我用存的钱买了设备,系统学习了电影拍摄手法,拍摄了第一部送给自己的电影。

同年,五月天来到鸟巢开演唱会,我一个人去看,眼泪打湿双眼,我跟着大声唱着《倔强》,哼着《咸鱼》,周围有人看到我流泪,以为我失恋了,给我递过来一张纸巾,告诉我要坚强。

我说,谢谢。

他不知道的是,那时,我给自己定下的十个目标,就在那一刻,全部实现了。

后来,2012年世界末日没有到来。

再后来,我和那个女孩子分手了,但我成长了不少。

再再后来,我有了自己的电影工作室,竟然靠拍电影为生。

直到今天,我会把一天的时间当两天过,因为我怕时间不够用,我怕时光太短。我爱精彩的生命,我爱不一样的青春。

朋友问我,如果明天真是世界末日,你还有什么后悔没做的事情吗?

我笑了笑说,如果明天是世界末日,我会静静闭上眼睛,等着它来就好。

好兄弟 D 的父亲去世时，我就在现场。

他走前很安详，临走时最后一句话是：没有照顾好你们母子俩。

D 的父亲是一个领导，应酬多，烟酒俱沾。他每天加班到很晚，甚至带着酒气上床。D 的母亲心疼他，却无法控制住这一切的发生，偶尔问他，何必要这么累。

D 的父亲说，没办法啊。

D 带着父亲去医院检查的时候，已经是癌症晚期。因为忙，D 的父亲都没有时间定期去体检。

老人家化疗后，头发都掉得差不多了，于是他跟 D 说，自己想到处转转。

D 带着父亲去了他一直想去的东北，看了满洲里国门，看了哈尔滨的冰雕。父亲笑得很开心，他说，这些地方他早就想来了，只是工作太忙。

他继续说，如果早知道自己只有这么几天活头，还不如不去追求那些地位和金钱。那些和生活比起来，什么都不是。

D 的父亲笑着，就像在描述别人的病情，嘲笑别人的生活一样。

D 已经哭成泪人。

后来，D 跟公司领导请了很长时间的假，陪着父亲去了许多地方。D 的父亲临走前，很安详，慢慢地闭上眼，带上周围人的哭声，去了天国。

几个月后,我跟D一起看了一部作品《飞越老人院》,讲的是很多老人被子女送到老人院,子女怕他们出事,不让他们到处跑,可他们还有很多想要做的事情,又知道自己没有多少时间了,于是,他们想尽一切办法偷偷跑出去,郊游、参加节目。子女们知道后大发雷霆,说你们怎么这么让人不省心,老人们说,我们只是为了让自己剩余的时间继续精彩下去。

我和D一起看到结尾,久久不能平静。

我说,这么大把年纪了,还在追求生命的未知,还在探索梦想的可能性。我们还这么年轻,要赶紧行动起来,明天我要去北极看极光,我还要烂醉,还要爬山,还要去周游世界!

D看了一眼手机,是领导发来的短信,让他明天早上去加班。

他沉默了很久,然后关机,说,带上我,我也去。

在路上,我认识了小段。

小段是个家境不错的姑娘,从小到大都是衣来伸手,饭来张口。大三那年,花枝招展的她喜欢上了班上的老师。她不在乎老师是否结婚,只想疯狂地追求自己的爱情,她给老师写了好多情书,却没想到老师只是笑笑,说,孩子,你还不懂什么是爱情。

小段觉得自己被羞辱了,她不再去上那个老师的课,反而跟一个比自己大十岁的男人在一起了。

就像很多和大叔恋爱的小姑娘一样,他们无法交流,早就丢掉了灵魂上的平等。

大叔甩掉她的时候,她痛苦不堪,觉得世界坍塌了。

小段想过伤害自己,就在她绝望的时候,闺密发现了她逐渐崩塌的精神状态,晚上,和她深聊了很久。

闺密问她,如果明天就是你在地球上的最后一天,你还有什么想做的吗?

她就像被人打了一拳一样。

是啊,这世上除了爱情,还有那么多可以追求的美好,何必要让自己的世界变得那么小。

小段一个人背上包,开始在路上释放并寻找自己。路上,她遇到了很多朋友,包括我们。

她告诉我,她回学校要好好学习,争取考上个抢手专业的研究生。

火车拐进了山洞,轰隆隆的声音就像人沉稳有力的心跳声,就像那些青春岁月里最精彩的故事。

如果明天是你的最后一天,问问自己,你还有什么没做,还有什么没来得及说,还有什么后悔的事情。

此时此刻,就是永远;此时此刻,就是一切。

你总要迈出第一步,让那些逼死人的生活节奏都滚蛋吧,去追求那些疯狂的梦,趁着你还能呼吸,趁着你还年轻,趁着你还有自由的灵魂。

人是如何一步步废掉自己的

1. 悲观性反刍

我的一个商学院的同学,事业成功,身价也很高,但每次喝完酒,都愁眉苦脸,恨不得要哭出来。第一次我还很认真地安慰他,久而久之,我发现一个规律,他讲来讲去,讲的都是他人生最低谷时的那几件事:失恋、失业、失态。可是他现在的生活一直很好,有很好的工作、很幸福的家庭。你仔细看看身边很多人,大多都有这个毛病,悲观性反刍。一件事情其实早就过去了,但就是一遍遍地回想,一次次地浮现。其实换个思路、换个环境,朝前看,一切都会好起来。但他就是不干。

2. 间歇性鸡血，持续性低迷

我的一个创业者朋友，创业三年，终于还是在上个月关掉了自己的公司。其实这并不奇怪，也不偶然。在北京，很多创业者都是这样。大多数时间都是颓废着的，只有少部分时间跟打鸡血一样，这些鸡血时间往往是在晚上、在睡前。其实，无论是工作还是生活，本质都是一样的，不坚持、不持续，三分钟热度，想到哪儿嗨到哪儿，成不了事儿。"坚持"这两个字是成功的法宝，人不用天天打鸡血，慢慢走，不要停就好。

3. 只想不做

我的一个学生已经连续在微博给我发了三十多天私信了，前些天我咬着牙把这三十多天她的感受看完，发现了一个问题，她大多数的碎碎念是在晚上，每天一个想法，每个想法都天马行空，第二天还是一模一样。

其实，这世界很多的烦恼都是想太多，做太少，或者什么都不做。很多人都是晚上天马行空路万条，早上起来洗把脸走原路。

哪怕看本书再去想，也比你胡思乱想要好。没有条理久了，就成了情绪；情绪堆积多了，人就废了。

4. 不懂延迟满足，只知道短暂嗨

高手懂得越自律越自由，于是他们理财是为了更好地消费，健身是为了更好地折腾，读书是为了看到更大的世界；而菜鸟不一样，他们有多少钱都可以当即花掉，什么好吃立刻塞嘴里，什么好玩就马上去玩。总之，怎么舒服怎么来。

高手看着未来，菜鸟盯着当下。

短期来看，高手好像不快乐；长远看，谁都知道，菜鸟才划不来。

5. 只做紧急的事，不做重要的事

什么是紧急的事？比如领导让你立刻回信息，明天的论文要马上交，这些有截止日期的，都是紧急的事。

什么是重要的事呢？锻炼、读书、学习……这些都是特别重要的事。

你发现了吗，重要的事你今天不做，明天不做，也没什么大碍，但这些事就是很重要，只是不紧急而已。

人废了的标志就是不去做重要的事，只被紧急的事拖着走。久而久之，人就废了，因为生活失去了主动权。

6. 把自己当回事,看谁都不爽

我认识一个哥们儿,当然,从他看谁都不爽开始,我们就已经不是朋友了。我一直不知道他是怎么变成那样的,直到有一次我去他家看到他买了两本书,每本书都读了一半。

这世界有一种人很遭人讨厌——一知半解的人,这些人比什么都不知道的人更令人讨厌。因为他们特别自大,觉得除了自己,谁都不行。

于是在掌握了少量的知识后,他们拒绝学习,拒绝成长,拒绝进步,还看谁都不爽,谁也瞧不起。

进步没了,格调就来了,人活着只剩格调,看谁都不爽,自然就废了。

7. 身边都是负能量的朋友

准确来说,一个人身边只要超过一个负能量的朋友,还天天和他们混在一起,基本上就废掉了。

因为负能量是会传染的。

我的建议是,如果身边有这样的朋友,抓紧绝交,至少远离。

实在走不开,也要想办法保持物理距离,比如把工位想办法调远些,比如尽量不回宿舍。

如果你身边全部都是负能量的朋友，恭喜，不要抱怨，因为你可能也没有多少正能量，要不然怎么只能吸引这群人呢。

去做一个给别人正能量的人吧，从每个清晨开始。

8. 欲望超过收入

一个人想让自己的钱变得足够多，有两种方式：第一种是控制欲望；第二种是增加收入。

第一种简单，你不去想昂贵的房子，不去想奢侈的包，钱自然是够的。

第二种很难，但实现了很帅，如果你的欲望和野心都很大，你只能拼命去赚钱，这样也没问题。

所以，当一个人欲望很大，收入又跟不上，就只能剑走偏锋：要么花别人的钱，要么透支未来的消费。无论如何，都是恶性循环。

9. 被手机随时打断

手机发明的初衷是为了让每个人都方便。直到有一天，一些人忽然发现，自己成了手机的奴隶。他们总是被手机上的各种信息打断，心流被破坏，失去了主动的意识。

别人推什么，他们看什么，别人宣传什么，他们信什么，别人用什么,他们买什么……

当人的主动意识消失,离废就不远了。

10. 每天一模一样

废人的定律:每天一模一样,循规蹈矩地过每一天。

在这个人工智能兴起的时代,人工智能像人不可怕,可怕的是人越活越像人工智能。

重要的是,每天一模一样没有彩蛋的生活是容易形成习惯的,随着时间的推移,人也就不爱做出改变了。

其实每天做一件不一样的事情,日子都会发生改变,比如去一次没去过的餐厅、看一本没看过的书、见一个没见过的人……

一点点彩蛋,生命就能多一点点彩色。

记住,优秀是可以形成习惯的。同理,颓废也一样。

放弃那些无用的社交，你会过得更好

那年，我一个人来到北京，带着父亲对我说的一句话："多交朋友。"

于是，上大学时，我酷爱社交，参加了三个社团，只要有活动，都会去打个酱油。我乐意留别人的电话，当时，我把留存别人电话的数量当成炫耀的资本。

我待人热情，对人诚恳，却总是被忽略。他们只有在想找打杂的人时，才会想到这个社团里还有一个我。那段时间，虽然很多场合都有我的存在，但我永远不是核心，别人也不太愿意跟我交朋友。

可活动后，留下打扫卫生的，永远是我。

大学时我认识了学校的一位老师，一次我屁颠屁颠地大半夜去他办公室，只是因为他跟我说过，晚上他一个人在办公室值班。

他跟我聊了很久，没有深聊，只是表面肤浅地交流，他告诉我，他是负责学校入党工作的。

我听得很认真,临走前留下了他的电话,还送上了带来的两袋水果。

后来我入党写申请书,希望得到他的指点,他却冷冷地回了一条:"我没空。"

其实我在很多场合都遇到过这样的拒绝,我以为我给对方留了电话,存了微信,应该能互相帮助,但我却忘记了一件很重要的事情:只有关系平等,才能互相帮助。

这个故事没完。

几年后,我已经是一名英语老师了,深夜接到了一个电话,正是几年前的那位老师打来的。

他笑嘻嘻地跟我寒暄了两句,很快就聊到了正题,竟然是让我介绍靠谱的英语老师,希望私下能给他的孩子上上课。

那段时间,我每天都在上课,白天劳累困顿,晚上晕头转向,加上想到过去的种种,于是我只是搪塞了一句,改天我看看,就匆匆挂了电话。

当然,我什么也没帮他。

后来我忽然想到这件事,为什么我没有帮他,或者说,很久以前,他为什么不肯帮助我?

答案很简单,除去彼此的感情,能让对方帮自己的根本条件,是能提供对等的回报。换句话来说，过去我是个学生，没法给他提供对等的回报。而且，我们的感情基础是零。

事实很冷，但这是事实。

我们总是去参加社交活动，却不知道，很多社交活动其实并没有什么用，看似留了别人的电话，却在需要帮助的时候，得不到任何帮助。

因为我们不够优秀。

很残忍，但谁会愿意帮助一个不优秀的人呢？

曾有个朋友跟我说，自己参加了不少社交活动，朋友也不少，但为什么会感觉越来越孤单。直到今天，很多事情都无人帮助她，她很难过。

我问她，社交场上，别人一般怎么介绍你？

她说，我的朋友，小白。

我说，一般怎么介绍那些优秀的人？

她说，独立撰稿人、主播、导演、教授……

我说，所以你懂了，如果你自己不强大，那些社交活动其实没有什么用。只有对等的交换，才能得到合理的帮助。

所以，在你还没有足够强大、足够优秀的时候，先别花太多宝贵的时间去交际，不如先花时间提升一下自己的专业技能。我们都有过参加一个聚会却发现无话可说甚至不知道该做些什么的经历，因为那个群体，不属于你。

要知道，只有优秀的人，才能得到有用的社交。

几个月后，小白参与录制的一档电视栏目很受欢迎。现在她依旧喜欢参加社交活动，她告诉我，如今甚至有些人每天都和她分享一些文字，还有些是之前不喜欢理她的人。

一个当红作家曾经跟我讲过一件事。他在成名之前，给一个很大的报社投过稿，可是，多次发稿，都石沉大海。一年后，他的书大卖，那家报社的创办人竟然亲自来找他约稿。

如今他们关系很好，因为一个需要卖书，一个需要发有质量的文字。有人说他和这家报社的关系好，他只说了一句话：对等的交换，才有了对等的友谊。

别觉得世界残酷，这就是游戏规则，别急着因为这世界冰冷得像一块铁而痛苦，请看完我的文字。

我在北京打拼的第一年，一无所有，我最好的朋友东每周都会来看我，给我送吃的。

他曾经说，无论你是谁，都是我兄弟。

后来我有点名气了，他依旧跟我说，别以为你是谁，你就是我兄弟。

这种人，被称为真朋友，他不适用于以上的规则。无论什么时候，他都愿意帮助你，无论你是贫穷还是窝囊，因为你们共同经历过一些事情，他们总是不离不弃。你们的互相帮助，不用对等交换，只要感情平等就好。

这种人不用多，在这个浮夸的世界里，几个就好。

所以，放弃那些无用无效的社交，提升自己，才能让世界变得更大。同时，请相信美好的友情存在于彼此内心深处，安静地守护它就好。

人总要经历沧桑，才能见到曙光

写这篇文章的时候，我们正在从满洲里到海拉尔的火车上。火车上没有人，只有下铺的我和我最好的兄弟东。他躺在床上看小说，而我则看着窗外发呆，时不时地敲敲键盘。随着生活状况越来越乐观，我越来越不愿意去写自己的过去和我们之前经历的一些事情，因为比起我们的长辈，过去经历的所有事情都不能叫苦，只是让自己增加阅历而已。但每次见到东，当我们两个喝到满世界都找不到自己时，就会想到不久之前，那段连饭都吃不起的日子。关于友情，我一直坚信：只有一无所有还能举杯痛饮的才是真感情。

这篇文字，就算记录那些年我们的日子了。

那年我们读军校，在一片完全整齐一致的队伍中，我和他就像是两棵果树长到了防风林里面一样。与周围同学不合群的每天，让我不确定自己是对还是错。明明梦在远方，却非要被限制在眼前。认识他的时候，是大一，那年我们两个都报名参加了英语演讲比赛。军校第一年，每个人都穿着一样的军装，剪着一样的发型，甚至表情都是一样的，谁也不认识谁，谁也认不清谁，这个时候，无论是谁都会觉得人和人是这么像。但在比赛现场，我看见一个腿瘸了的大个儿坐在第一排。后来才知道，他踢足球踢断了腿。那年英语演讲比赛，他全校第一，我第二，他是大学期间唯一在英语演讲比赛中秒杀过我的人。颁奖典礼那天，我站在他边上，仰望着这个比我高一个头的人。他笑着掏出一个信封，对我说，给你照的照片。

我打开了信封，看见了他那天找人照的照片。里面只要有我的，他都洗了一套出来。信封里还有一封长长的信。信的内容我已经忘得差不多了，但有句话一直在我内心深处：在这个环境里，很高兴认识你，感谢你还在一直向前。

虽然我不了解他，不过这句话他说得很对，在校园中，总有一些在向前努力的人，只是很少很少。我很希望我是那个还在努力学习的人，可我不是，我对不喜欢的科目极其反感，每次考试成绩出来后，都让我很难受。现在回想起来，很多科目在以后的生活中并没有什么用，但当时就是让我很难受，毕竟是在那个大家只看学科分数不看学科用处的环境中。跑题了。所以，那时候，迷茫伴随着每个人，我也不会例外。

一个下午，他拄着拐杖，来到我的宿舍。他把我叫出来，说，喂，龙哥，给你看一本书。

我们坐在台阶上，看完这本书，然后聊了很久。那本书我现在都还记得，叫《大学不知道》。

那时的我们，忽然明白，大学还可以这么过。可以多姿多彩地度过每一天，可以充满理想地活在计划中，可以自由自在地遨游在当下。

反观我们，什么也没有，但还好，我们有青春。

那天我抱怨地问，为什么我们什么都没有？东说，那就努力吧，让自己有一技之长，然后体面地活在这世上。

我们成了很好的朋友。每当迷茫的时候，我都会约着他一起，在图书馆里面聊聊最近读书学习的感受。这是这么多年我印象中唯一存在的片段。据说，乐观的人在无聊和难受时的记忆是不清晰的。

大二那年，我报名参加了英语演讲比赛。那年，我拿了全校第一，代表学校参加北京市的比赛，结果被打得稀里哗啦。

回来后，很难过，但身边所有人都在告诉我，你以后是要下部队当排长的，学英语有什么用，你能跟士兵讲英语吗？参加一个比赛拿了全校第一已经很不错了。

可我的志向，何止这些？何况，谁说以后我一定要当排长的？

于是，我摇头说，可是我不甘心，我已经很努力了。

旁边的室友玩着电脑，扭头跟我说，装×。

那时的整个环境里，很少有我能对他掏心窝讲话的人。

可偏偏那天，东在图书馆告诉我，别难过，至少这次出去，你知道了自己与别人的差距，也认识了一些人，下次再来。

我露出了笑容。

第二年英语演讲比赛，我拿了北京市冠军，之后代表北京市参加全国的比赛，拿了全国的季军。

可没人知道背后的故事。

那是一个下雪天，当时"甲流"暴发。本来军校的规定是每间宿舍八个人，一周能有两个外出名额。但因为"甲流"的泛滥，已经两个月没人外出了。正当"甲流"快结束的时候，两个干部因为私自外出回队后发了高烧。于是领导传达，要严肃整顿。军官也不准外出，士官加强岗哨，这就意味着后面两个月也不能外出了。

那个月，刚好是"希望之星"英语演讲比赛报名的日子。

那天，我把我的证件和钱夹到了一个信封中，寄给了在外的好朋友。可是，两周过去了，信依旧没到。

朋友打电话问我，你是不是把钱放在信封里还没有寄挂号信？

我说，是的。

朋友气愤不已，挂电话前，说，你就是傻子。

其实那天我已经放弃了报名参加比赛的想法。可是上天对我不薄，总是会在我绝望的时候给我带来一些希望，让我的人生看到曙光。当天晚上，东和几个兄弟跟我喝酒。他说，龙哥，咱至少试试吧，万一成功了呢？万一来了个北京市第一名呢？

第二天，别人都在午休的时候，我再次拨通了外面朋友的电话。

直到今天，我落笔的时候，依旧感动于那个时候老天的安排。努力的人，运气都不会差。更加感动于当时朋友对我的帮助。从那之后，我交的朋友都是正能量的人。因为朋友决定一个人的高度。

从军校退学前，我的退学报告一直不被批准。那段时间我坚定不移，一边和这里的领导商议，一边为以后做打算。我去新东方面试，从学校到中关村，路途遥远，而且还堵车。为了不出意外，九点的面试我会在六点就起床，叠好被子出门，打车，然后坐公交车回来。每次回来都饥肠辘辘，劳累不堪。更可怕的是，回到宿舍，还要被其他人当成异类。

幸运的是，我面试成功，终于可以开始当老师了。

一次上课后回学校，我花光了身上所有的钱，卡里还剩28块。坐公交回到学校，刚到门口，电话响了。

东知道了我所有的故事，电话里问，你吃饭了没有？

我摸了摸口袋，说，吃了。

东说，你来小餐馆一下。

我走进那个小餐馆，打开门，东在里面等着我。桌子上放着一个猪蹄儿、一盘花生米、一碗泡面和几瓶啤酒。他说，知道你没吃。快！吃！

我拿起啤酒，边喝边哭。

我哭得稀里哗啦。他说，龙哥，都会过去的。

那个小餐馆，破烂不堪，经常桌子边上都是各种各样的菜渣子和酒瓶子。但至少，那个环境能让我们觉得温暖，能让我们看到希望。

第二天还有课，可我已经花光了所有的钱，连公交都坐不起了。北京的另一边，是一群要上课的孩子。东看出了我的难处，问我怎么了。

我把事情告诉了他。

他摸了摸比我还空的口袋，忽然问我，你卡里还有多少钱？

我不好意思地说，还有28块。

东说，太好了，我这里还有72块！我把卡里的钱打给你，你刚好能取出来一百。

那个时候的我们，谁都不愿意找父母要钱，哪怕鼻青脸肿，也要告诉父母，我很好，别担心。然后兄弟几个一起去解决问题，解决完了再放声大哭。

我拿着一百块，继续第二天打车过去，坐公交回来。身上还剩10块钱，晚上，我们两个买了两桶泡面，吃到眼睛湿润。

后来的我们，每次都会在喝多的时候重温那段时光，告诉自己，现在的苦，算个屁。

刚退学的时候，父母是反对的，尤其是他们两个在部队待了那么长时间，总感觉那是一条最稳定的路。可世界变得这么快，哪里还有那么多稳定，最大的不变想必就是变动本身。我离开家去北京打拼的时候，父亲说，你靠什么为生？我说，靠自己有一技之长。

然后拿着自己存的5000块钱出了门。

那段日子我在北京租了一个小单间，浴室改的，不到十平方米，一个月1500，一交就是三个月的房租。刚交了钱，买了点生活用品后，我就疯了，因为几乎身无分文，更窘迫的是，竟然都没有买被子的钱。那是最苦的日子，我吃了两周的泡面，不敢参加任何聚会。

最重要的是，朋友都不在身边。

没过几天，东周末请假外出来看我，手上拿着一些洗漱用具和一床自己没用的毛巾被。

我一直坚信一点，上天赐给我们难熬的日子，是为了让我们成为更好的人。人这辈子，会经历很多苦难，尤其是男人，打不垮自己的，都是为了让自己变得更强。

三年的打拼，使我从一个默默无闻的人，变成了行业里的名师。每天上课前，我都对着墙把课讲一遍。人家备五个小时的课，我备五十个小时。长期的劳累，以致后来很多学生坚决不相信我是"90后"。在有了一些经济基础后，我开始拍电影、写书，这些日子，我赚了一些钱，至少能养活自己。三年后，我有了自己的住处，有了自己的车，有了好的生活。而东，在这三年凭借自己的努力，也分配回了北京。

只要有时间，我们都会聚在一起喝酒，每次喝酒，都会喝到半夜，讲讲过去的事情，再展望一下未来。

那天跟我们一起的女孩子听说东哥回来了，要求我一定请客吃大餐。那顿饭我们花了1500块，吃完饭送她回家，她刚下车，我看着东，异口同声地说，走，大排档。

我们都知道，彼此没吃饱，更知道，那些彼此经历的沧桑。

我们一起去哈尔滨游玩的时候，已经是各种"拖家带口"了。我和双胞胎姐姐、发小儿、东的朋友、我的朋友乱七八糟一堆人。在车上，我们玩杀人游戏；看冰雕时，我们各种自拍；吃饭时，我们下最好的馆子；住宿时，我们订最舒适的阁楼。那次旅行，东先离开，临走那天，我们送他，所有人跟东的告别是再见，只有我的告别是——珍重。

随着我们长大，日子变得越来越好，离别变得越来越不那么痛苦了，可我们独处的时间却变得少了很多。

现在的我们，在从满洲里到海拉尔的火车上，火车上就我们两个人。安静中，我写完了这篇文章。幸亏是过年，朋友们都没时间参与我们的旅行，才促使这次我们终于能安静地回忆过去。

昨天我们俩喝多了，讲了许多过去的事情。忽然明白，现在的生活，已经好了太多，那些过去的痛苦，都让我们更珍惜现在的日子。感谢那段时光，因为正是经历了那段时光才能让我们有今天的微笑。哪怕今后的日子变得再快，至少，那些让我们迷茫痛苦的日子会证明彼此的陪伴和友情。

第二天起床，东跟我说，上午的票我已经订好了。

我看他一眼，笑着说，哦，早餐我团了。

关于友情，就是即使很久不联系，但依旧会让两个人在一起时默契如故。

这次旅行的节奏很快，没有太多寒暄客套，毕竟彼此太了解对方。我们的感情就像驰骋的火车，驶向远方，虽然经过坎坷，但风景越来越美，看到的越来越多。

人只有经历沧桑，才能见到曙光。

打败焦虑最好的方法,是去做那些让你焦虑的事情

每年快到英语四六级考试的日子,就会有很多学生问,老师,现在开始准备,还来得及吗?

我们焦虑的原因,往往是自己和目标距离太远,或者和别人的距离太远,不知道如何下手而已。

其实,你不是唯一焦虑着的人。

那些并不觉得焦虑的人,只是因为他们正在做那些让他们焦虑的事情。打败焦虑最有效的方法很简单:立刻、马上去做那些让自己焦虑的事情。

分享两个故事。

几年前,我在上考研班,那个班上来了一个三十多岁的女学员。一开始我以为她是哪个学生的家长,后来才知道是她自己要考研。

她告诉我，自己本来有一个很幸福的家庭，她当全职妈妈，后来老公出轨，自己的世界忽然坍塌了。

于是她决定考研，经济独立，才能改变自己的生活。

我听得入神，以为是一个励志的故事。结果她说，因为自己太久没学习，输入系统全部坏了，目前英语也就是停留在小学水平，现在准备还来不来得及？

那时，离考研还剩两个月。

我心想，坏事，可能会来不及。

那时，我见过几个孩子，从还剩两个月开始准备，最后分数都十分不理想，因为他们在准备的时候不停地动摇，不停地质疑自己，后来看似在图书馆坐了两天，其实也就背了几页单词。

焦虑，逐渐打败了他们。

我没说话，只是默默地跟她说，加油，豁出去努力，别管结果。

后来，我才知道，她拿出了所有的积蓄，报了英语、政治、专业课的一对一，她出现在我一对一课堂上时我都有点震惊。

我说，干吗报这么贵的课？

她说，来不及了，只有全力以赴了。

那段时间，我每天连轴转地上课，可只要是她的课，她都会提前十分钟在门口等我，然后拿出单词书背单词，她把碎片时间用得很好，上课提前进入状态，早上去学校图书馆占座位，晚上熬到半夜。

我赶校区的时候，她总是要求开车送我，这样能在路上问我一些问题。

有一天，我看到她额头上有两个重重的火罐印，吓了一跳，说，你怎么考个试，还被人打了啊？

她不好意思地笑着说，中医说，这样有利于记忆。

她的头发好久没洗，衣服也没怎么换，每次来都跟我道歉，说自己失态了。

我摇摇头，赶紧开始上课。

直到开考前，她还给我打了一个电话，说考前拜拜大神，沾点好运气。

最后，她考上了中央音乐学院，成为那一级年龄最大的研究生。

现在，她留校当老师，有了一份不错的工作，并有了自己想要的生活。

她上课的口头禅，就是我曾经跟她说过的那句话，打败焦虑最好的方式，就是赶紧去做那些让你觉得焦虑的事情。

这件事后，我也明白了，只要出发，永远不晚。

但世界有时很不公平，你的努力或许并不会让你获得预期的收获。

让我再讲个"负能量"的故事吧。

"口译狂人"Allen老师前年备考的时候也是一样，还有三个月，他忽然脑抽地给我打电话，说自己不找工作了，要考研。

我第一个反应是,太晚了。

他说,努力了,没达到预期,至少自己不后悔嘛。

那三个月,他每天都在自习室坐够八九个小时,可是,毕竟时间太短,他落榜了,差了十分。

的确,这个世界给人感觉很不公平:无论怎么努力,可是,时间来不及了,能怎么办啊?

落榜那天,我相信 Allen 会失望,甚至绝望。

但我相信,强者,从来没时间抱怨、指责,甚至绝望,他们总是默默地擦亮武器,迎接下一次战斗。

3 月,在短暂的休息后,他在北京租了一个单间,开始长达一年的复习,多少个日日夜夜后,他以第一名的成绩考上了外交学院。

我问过他,如果早知道今年才能考上,去年那三个月是不是就不学了。

他说,虽然去年没有考上,但那时我出发了,如果那时不出发,后面也不会出发,那三个月让我明白,人生还很长,只要出发,永远不晚。

其实,世界可以很公平。

的确,人最怕的,就是为了要以潇洒的姿态迈出第一步,却迟迟停滞不前,最终依然没有出发。

如果你还在纠结、还在焦虑、还在迷茫,我想认真地告诉你,你不是一个人。

那些看起来一点都不费力的人,谁知道他被论文、考试虐过多少次;那些整天在笑的人,谁知道他深夜哭过多少回;那些站起来的人,谁知道他背后跪了多少次。

那些人之所以成功,是因为他们永远不拖延,他们永远在路上,勇敢地迈出第一步。他们没时间焦虑,焦虑的时间,都用来去做焦虑的事情了。

他们坚信,只要迈出第一步,永远不晚。

他们已经在路上了,你呢?

不要让三十岁限制你的人生

1

前些日子,我带朋友去看话剧。一位1991年的女生看到结尾处热泪盈眶,然后她扭头买了两张话剧票,要再请父母看。我问她为什么,她笑了笑说,让他们也了解一下中年人的乐趣。我愣了一会儿,忽然懂了她的点。是的,1991年出生的人已经是中年人了,她早就意识到这件事,而我还迟迟不愿承认三十岁其实已经是个中年人了。

其实,嘴巴不愿承认,身体却很诚实。前些日子,朋友拉我去滑雪,我欣然接受,到崇礼的刹那,我还是选择了双板。他们一个个都说我是老年人,说只有老年人滑双板,我摸了摸脑袋,说,我先从双板开始学起吧。

接着,这帮坏人就把我带到了高级道,说,没关系,我们带着你,放心，不会有危险的，我们都滑了好久了，只要你不加速……唉，不都说了你不要加速，你怎么滑这么快？唉，你等等我们……唉！你注意安全啊……说实话，后面的话我都没听到，因为我毫无征兆地就滑了下去，我并没有卖弄，我只是不知道怎么刹车。我直接说结果吧，我几乎是拿屁股蹭下去的……

后来，我带团队小伙伴去三亚跨年。在游艇上，船长忽悠我们可以玩尾波冲浪，我看了看1996年出生的小伙伴，他们一个个都胆怯地说算了，我想，作为一个刚满三十岁的"90后"，我要做好表率。于是我穿上救生衣，在他们的鼓励和尖叫下，上了船，然后到了海中央，勇敢地站到了滑板上。我也直接说结果吧……那二十多分钟，我几乎都在海里度过……

海水真好喝。

2

也不知道从什么时候开始，我觉得自己的体力一天不如一天，也不知是从小平衡感不好，还是随着年岁增长遇到的必然。我想起高中打篮球时，喜欢把自己高高地抛在空中，无论这球进没进，动作一定要帅，因为班上的班花在看。但是现在，每次在篮球场，能不跳尽量不嘚瑟，进不进球不重要，不要让自己受伤才是关键。至于有没有女生看，不重要，因为搞伤自己，关心你的永远不会是女生，而是同事。

他们会事无巨细地关心你：你还在吗？还活着吗？稿子写完了吗？真感动。

我曾经被人问过，人是什么时候开始变老的？其实这些天，我心里有了答案：从喜欢计算得失开始的。计算得失不算是坏事，小孩子才谈爱恨，大人只计算代价。不得不承认，那位朋友说的是对的，"90后"终于到了中年，连相亲的时候，大家都不谈爱了，只拿出一张表格，亲切地跟对方说，你把你符合的情况，打个钩，谢谢。

"90后"不仅到了中年，他们很多已经是职场上的中流砥柱，许多已经到了经理级别，也有些人甚至已经创业成功，他们虽然上有老下有小，虽然脱发，虽然时常低迷，虽然一天大酒后颓废不醒，虽然一周难锻炼一次，虽然莫名四点就醒了睡不着……但总的来说，还在努力。

我也时常被问道，"00后"已经开始崛起，现在"95后"无论是活力还是动力，都在"90后"这代人之上，那么这些三十岁的中年人，还有没有救？直到最近，我忽然悟出来了，跟你分享。

人年纪越大，越应该明白两个道理。

1. 年纪越大，越不要跟年轻人拼体力

像滑雪、跳伞、蹦极这样的极限运动，如果你不是特别专业或者特别喜欢，还是不要刻意参加了。毕竟，人家摔一跤，一个月康复，你伤筋动骨要一百天。可以考虑在一旁给他们买单，哪怕不买单，买两杯水夸人家两句"你真厉害"也是一种参与。

2. 年纪越大，越不要跟年轻人拼感情

人家喝一场大酒，哭成傻×，第二天就能恢复。你喝一场大酒，第二天就要发誓戒酒，然后对自己说，职场不相信眼泪……真没必要。你不喝酒，请人家喝，然后组好局，也能凸显你的价值。年轻时可以感情泛滥，三十岁的人，情感就别泛滥了，钱财泛滥，才是你应该追求的目标。

那应该跟年轻人拼什么？

我想了很久，以下两件事很重要，与你共勉。

1. 理性

理性的第一条定律就是认怂。认怂是人到中年的必修课。有段日子，我开始频繁地把"不知道""我不行"挂在嘴边，其实这些做不到的事情，都是年轻时我毫不犹豫会举手冲锋陷阵的，比如报名跑马拉松，比如报名参加篮球队。

到三十岁后，我越来越知道自己擅长什么、适合什么，也越来越知道自己不擅长什么、做不到哪些。比如我很确定，那些极限运动并不适合我，不是因为这些运动不能让我分泌多巴胺，而是我能从读书里找到更多让我兴奋的点，能在写作里找到更多让我高兴的理由。我并不是不喜欢极限运动，而是玩一天，第二天浑身疼，这么算算，有点划不来。

理性的第二条定律就是"说不"。到了一定年纪后，就应该和一些事情、一些人说不，那些看起来充满诱惑的东西，看起来谄媚的人，那些坏人、恶人、情绪失控的人……无论过去跟你有过多少交集，到了一定年纪，都应该勇敢说不。不是因为你不再喜欢，而是你要明白，这些东西可能跟你无关。

我在网上看过一个段子，说十多岁的时候，你会慢慢意识到自己是个普通人；二十多岁时，你会意识到父母是个普通人；三十多岁的时候，你会意识到子女是个普通人。这看起来无奈的语句，其实是一种大智慧，是一种对高大上的断舍离，是一种对自己的理解。

如果你的欲望够大，就足够努力；如果你欲望不大，做一条咸鱼，又有何不可？人的年龄越大，越要明白自己是个什么样的人，无论别人怎么说你，你至少应该知道自己是什么样的人。人只有认识到自己适合什么，知道自己是谁，才能与世间万物的诱惑划清界限，从而做到真正的自己。这也是中年人应该明白的道理。

2. 智慧

我们能和年轻人拼的第二点，毫无疑问，只有智慧。

这里有个模型跟大家分享。

数据、信息、知识之间的关系，有一个框架性的描述：这个框架是金字塔形的，最底层、面积最大的部分是"数据"；往上更高一层，面积比较小的是"信息"；再往上，面积更小的一层是"知识"；顶尖上的是"智慧"。

很多人以为智慧是信息，于是大量地吸取一些没意义的信息：

刷短视频、看热搜榜、看娱乐新闻。但请注意，智慧不是信息，在获取信息方面，我们不会有太多的差别，我们知道的，他们早就知道了。

还记得某天晚上，一个"05后"的孩子问我怎么看《金瓶梅》……我想，我们和下一代人的信息是对等的，我们看到的热搜，他们也能看到。但唯一不一样的是，同一条信息出现在两代人的眼睛里，两代人看问题的角度是不同的。

信息是表面留存的水花，智慧是背后的逻辑。

一个人想要弄明白背后的逻辑，除了时间的积累，就只有经验上的积淀了。

换句话说，我们中年人能拼的，不是谁知道得多，而是谁能更好地掌握背后的逻辑，为我们所用。我曾经遇到个商界精英，每次在一起吃饭，他总像个局外人一样，总是问我这事儿什么时候发生的，那事儿是怎么回事，我问他，你是不看新闻吗？他说，我看得少。我问，那你不怕被时代抛弃吗？他看了看我，又笑了笑，说，我现在应该还没有吧。我忽然想到，那些看起来什么都知道的人，每时每刻都在被信息带着跑的人，好像被抛弃的也不少吧……

我们能拼的，就是用现有的资源和智慧，搭建出更好的价值。当然，我写这篇文章，也不是想人为地把人分成三十岁前与三十岁后，我曾经说过：我很反对用十年或者五年为一个单位划分人，因为废人和牛人是不能用年龄划分的，每个时代都有废人和牛人。

但随着身体开始走向中年，战略和打法都要发生变化，原来选择冲刺，现在最好能慢慢跑完全程；原来选择通宵，现在通宵后至少能第二天调整出一个加拿大时差。

无论哪个年纪，思想上的奋斗是常态，但要选择一个适合身体的方向。

否则，一次极限运动后，可能就爬不起来了。

打败同龄人的四条法则

几天前,姐姐和姐夫带着饭团儿来到我家给饭团儿过三岁生日,还买了个蛋糕。我们一起唱了生日歌,唱完后,饭团儿吹了蜡烛,因为不会用力,吹了好几次。

在一阵欢声笑语中,我们切了蛋糕。快乐时光总是很短暂,这些时光只能在记忆里翻腾。姐姐是基督教徒,每次吃饭前要祷告,一开始我总是不太习惯。但最近工作忙,我们很少见面,这次吃饭,当她祷告时,我忽然湿了眼眶。从我开始记录饭团儿开始,竟然已经三年了。我还记得姐姐刚被推入产房时的场景:那时我正在上课,上了一半,就开始频繁讲错。我跟学生说,欠大家二十分钟的时间,以后再补,不好意思,工作可以不要,姐姐只有一个。同学们特别好,说,龙哥你赶紧走,赶紧的。然后我赶到医院,等到半夜,直到听到饭团儿的啼哭。这一晃,饭团儿三岁了,而我也三十岁了。好在,那些难过的日子，都在咬着牙坚持着，不知不觉，也熬过了冬天；不知不觉，也看到了天明。果然，没有过不了的冬天，没有过不去的黑夜。

每次看到饭团儿，总能想起自己小时候。小的时候总觉得世界是多姿多彩的，觉得自己像是棉花糖，不仅甜，还可以被塑造成不同的模样。就像饭团儿来到我们家，不会看任何东西，只会走到餐桌前盯着一桌吃的跟我说，舅舅，好多吃的。只要有吃的，他就很开心。曾经总想无忧无虑过完一生，却越长大越觉得欲望得不到满足，于是想要去更远的地方，所以走着走着，就走丢了。

再大一些才发现，我们不可能被塑造成和别人相同的模样。我们就是我们，增添的只有岁月和阅历。而岁月和阅历就这么残酷地告诉你：你已经不小了，别吃了，要减肥了。再大一点后，有了孩子，在跟孩子交流的时候，才恍然发现，小时候长辈对自己说的话，竟然是对的。比如你要好好学习，以后才能成为一个优秀的人；比如你要好好工作，才能赚到钱；比如你要好好锻炼，身体才不会忽然出问题。但年轻时，人们不愿意相信，于是大家拍着胸脯说，我这叫青春。后来才知道，青春是糟糕的遮羞布，直到看见下一代人长大，感觉青春过去时，人们才会发现：穷、丑、匮乏这些早就体现出来的糟糕，在遮羞布被扯下的瞬间忽然映入眼帘。

青春年少时总能听到一句话：活到三十岁，就死去。有趣的是，现在身边说过这句话的人，都正活着。虽然许多人心已死，但还有不少人还在寻求意义。我曾在一场签售会上遇到一位大哥,大哥那年四十岁,向我询问他未来应该怎么办?我愣在台上,没有说话,因为台下的人,多半只有二十多岁,那时我也不到三十岁。

我不知道要不要跟大哥说,四十岁依旧可以重新开始,废寝忘食地学习一门技能,咬紧牙关地工作赚钱,用尽热血去爱一个人,但是我没说。因为我不知道四十岁时是个什么样的状态,是不是老婆孩子急需用钱,是不是父亲母亲健康亮起了红灯,是不是自己早就焦虑颓废。于是我什么也没说,在台上愣住了。

那场签售会结束,我回到酒店,在文档里写着:李尚龙,你才二十多岁,千万不要以为青春就是你拥有的全部。因为青春早晚会过去,只有在路上奔波的人,才会不惧时光的残酷。

看起来多么像一句毫无意义的鸡汤。

后来,我在微博私信里收到了这么一个问题:老师,现场您没办法回答四十岁的人,那对于我们二十多岁的人,您有建议吗?我依旧没有回答,因为那时,我也才二十多岁,觉得自己正是青春年少,正在当打之年,要打该打之人。

可是人只有在看到下一代长大时,只有在告诉他们学习很重要时,只有在告诉他们你要努力成长时,才会意识到,其实,上一代人,也是这么过来的。而你也和他们一样,以为拥有了青春,就像拥有了一切。歌词里说,一代人终将老去,但总有人年轻。其实,年轻并不是资本,牛×才是。

如果要我给二十多岁的你一些建议,我的建议只有一个:成为一个牛人。至于如何打败同龄人,我也来分享几条干货送给你吧:

一、别把年轻当借口,努力尝试新的领域,踏出舒适区,并扎根。

二、做任何事情,要么就不做,要么就做到极致。

三、持续不断地坚持一件事,坚持爱一个人,坚持学习,坚持锻炼,坚持磨炼一项技能。一切成就都源于坚持。

四、有人爱,有事做,有所期。

只有偏执狂，才能创造卓越

2014 年，《爆裂鼓手》（*Whiplash*）在北美电影院上映，首映场人山人海，导演达米恩·查泽雷在现场说他想拍一部不一样的励志电影。

我们看过太多励志的话语，听过太多励志的旋律，可是很多时候，我们无论多努力，最后都没有好的结果。却不知道，当你把未来交给鸡汤，把梦想交给励志，你以为自己很努力了，到头来都只是自己感动了自己。

观影途中我几度落泪，影片讲述了一个年轻人安德烈努力练习，想要成为顶级爵士乐鼓手的故事。安德烈进入音乐学院的时候，原本是个自卑的学生，后来阴差阳错，进了弗莱彻教授的顶级班。弗莱彻教授是一个处女座偏执狂，他对每一个乐队成员的要求都达到了极致，不仅要求他们出色，甚至要让他们突破自我。他的学生，毕业后甚至因为弹错了旋律而自杀身亡,弗莱彻培育学生的方式让所有人震惊,他曾因为鼓手屡次节拍不对就扔凳子砸了过去。安德烈加入乐队后不久,因为主力鼓手丢掉了谱子而无法继续演奏,于是他顺利地成为主力鼓手。他努力地练习,终于得到了回报。可是,好景不长,安德烈的位置马上被另一个刚来的小伙子盯上了,弗莱彻冷冷地跟安德烈说,如果你想要主力鼓手的位置,靠自己赢回来。

为了成为主力鼓手,安德烈几乎达到了疯狂的地步,先是和热恋的女孩子分手,说陪她的时间会消耗自己练鼓的精力;接着,他经常练习到深夜,手被鼓槌磨出血,贴了创可贴继续打,直到创可贴被血渗透。在这么偏执疯狂地训练下,终于迎来了学校的重要演出。安德烈走得匆忙,竟然没有带鼓槌,弗莱彻偏执狂的个性上来了,他坚称,如果不拿鼓槌就是不尊重比赛,坚持要换人。可是安德烈为此准备了太长时间,他怒火中烧地大声说道,你给我等着,我回去拿。弗莱彻说,你回去可以,时间一到你不在我就换人。

安德烈用最快的速度开车回去,他拿了鼓槌,骂骂咧咧地往回开,却没想到一辆卡车冲过来,撞飞了他的车。他浑身是血,但是伤势不重,卡车司机提醒他,赶紧去看医生。他二话没说,拿起鼓槌就跑到了演出现场。幸好,他没有迟到。

和所有的励志电影不一样的是,他并没有爆发小宇宙,掌握第七感,出色完成表演。相反,他的手伤得太重,血滴到了鼓上,最终,他没有坚持下来。弗莱彻走了过来,没有鼓励,只是淡淡地说了一句,

You are done（你完了）。

安德烈疯子似的扑向了弗莱彻，仿佛自己已经到达了生命的极限，他咆哮着被队友拉走，从此退学回家。

后来，他靠当服务员为生，尝试着找过自己的前女友，却发现早已物是人非。郁闷之下，他常常去酒吧，却在酒吧里，看到了魔鬼导师弗莱彻。原来弗莱彻也被学校开除了，两人一起喝了一杯后，弗莱彻邀请安德烈参加了最后一场秀。现场，弗莱彻看着安德烈说，别以为我不知道是你想办法让我被学校开除了。接着，安德烈惊奇地发现，只有自己没有演奏的谱子。他惊讶地看着台下的评委，然后，他起立离场。他明白了，自己或许要离开这个地方，离开这个舞台，离开这个职业了。可是，他又回头看了一眼弗莱彻，忽然转头上台，坐在鼓的面前，沉寂两秒，不等弗莱彻报幕，鼓声响起，疯子似的爆发出惊人的能量。安德烈一次次地被逼入绝境，最终，他像弹簧一样，被压迫到底层，终于又反弹到最高处。台上，弗莱彻冲着安德烈点头，在此之前，他从来没有认可过谁的作品。此时，他看到了安德烈的倔强，看到了他的疯狂，因为他知道，只有偏执狂，才能够创造出奇迹。

由此，我联想到身边的很多人和事。一些人看似每天都在努力，却没有拿到好的名次，为什么？因为他在努力的时候，别人比他更努力，可能跟自己比每天都有进步，但是，他要的是名次，而不是成就。既然要的是名次，就要比别人更厉害，更需付出努力。所以，当一个人每天花十个小时提高自己，已经到了极限时，想要超过他的唯一办法，就是让自己变成偏执狂，像疯子似的每天花十五个小时学习。一般人可能不能理解，为什么这人跟疯子一样一直在学习，可是，当名次出来，一切就有了答案。别人眼中的偏执狂，只是自己眼中的一般努力而已；自己心中的努力，在别人眼中，或许只是在舒服地消磨时光。老天是公平的，人既然有梦，梦就要够疯，够疯才能变成英雄，总有一天会有自己的传说。

我的朋友 Allen 是一名英语老师，他的发音好听到让人分不清他是美国人还是中国人。大二那年，他转学到另一个学校，那时，他有两个选择：第一，从大一重新读；第二，用两年修完别人四年的学分。

他想了想，说，我选第二个。

跟他一起转学过来的有三个人，另外两个人都放弃了，而他每天早出晚归。两年，他平均每天在自习室、图书馆的时间超过十二个小时。无论是夏天还是冬天，他都早早地去图书馆占位置，大四那年，他还决定考研。其实任何人，当几件事情同时发生的时候，即使扛得住，也是牢骚满腹。但是 Allen 没有指责，默默地把每天的学习时间增加到十六个小时。早上六点半就去自习室，一直到晚上十点半，中间只会午休十几分钟，吃点东西。

我经常给他打电话，他到晚上才回复我，我问他在干吗。所有的时间，他都在学习。这世上只有偏执狂，才能做出一些让人觉得钦佩的事情。

毕业前,他用两年修完了别人四年的学分,以全校第一名的成绩考上了外交学院的口译研究生。他告诉我,幸亏只是一年,要再来一年,我就不会跟人说话了。

我说,你都成魔了,谁还敢跟你讲话。

后来我们一起合作干事业,确实感觉到他已经无法适应我们常人的交流方式了。我们在聊一件事,他忽然插嘴说另一件完全不相干的事,好在,这样的时间没有持续多久,现在,他在一家创业公司,一边努力学习,一边开始了工作,做得很不错。

曾经看过陈凯歌的《霸王别姬》,程蝶衣就是那样的不疯魔不成活的人。可是,他太钻,太极端,最终结果太凄凉,但他在唱戏这个领域的成就,突破了自我,更震惊了别人。

我们在生活中做的每件事,是否都少了很多疯狂成魔的偏执狂特性?在一生中,我们有多久没有专心致志不计后果地做某件事情了?或许是因为我们太犹豫,或许是因为我们的热情逐渐减退,我们以为很努力了,却只是自己给自己打扮得美丽动人。

所以,别觉得那些人好偏执好可怕,那种对梦想的执着,真心值得我们学习。只是,别过了就好,毕竟,人还要生活。

人生路上，每个人都要学会独自成长

前些时间，看《哆啦Ａ梦：伴我同行》，本来只是为了找一些童年的回忆，但当电影结束，还是泪腺大开，眼泪狂奔。

大雄长大后，娶了静香，当他看到当时的自己穿越时光机来到现在的自己身边时，只是淡淡地告诉从前的自己：要珍惜和哆啦Ａ梦在一起的日子，因为他是你儿时最好的朋友，很快，你们就分开了。

哆啦Ａ梦用自己的小口袋在大雄最无助的时候给了他最需要的帮助和最温暖的陪伴。

可当大雄幸福地开始行走时，哆啦Ａ梦却默默地离开了。

就像从来没有不散的筵席一样，无论是电影还是青春，总要转身和我们说再见。

这一次编剧并没有矫情地告诉我们，那些陪伴过我们的人，终将离开，无论曾经给彼此带来了多少欢乐，离开时，只要号啕大哭去纪念这段岁月就好。

这次，编剧只是在最后安静地告诉所有人，要学会独自长大；每个人都要学会在孤独中成长。当这日子来了，微笑着对过去说再见就好。

哆啦Ａ梦走时告诉大雄，没了他的陪伴，大雄也要坚强勇敢，于是，大雄挺直腰板去挑战胖虎。可大雄被胖虎胖揍时，他并没有像之前那样跪地求饶，而是嘴里一直在说一句话：我要用自己的力量打败你。

其实胖虎这个胖子是个缩影，他就是生活的挫折、青春的坎坷、命运的困境。你可以让哆啦Ａ梦帮助你打败他一时，你可以让父母朋友助你一臂之力，可路，毕竟是要一个人走的，你总要学会一个人勇敢地走完，学会一个人勇敢地战胜困难。

哆啦Ａ梦总有一天会离开你，就像亲人、朋友也总有一天会和你告别一样，当大雄没有了外力，当你没有了帮助，是否还能顺利地战胜挫折渡过难关，是否还能凭借自己的力量勇敢地站起来？

我想起了前些日子去爬喜马拉雅山，凭借着自己的年轻热血，我前几天一直保持着不错的体力，在路上，总能超过一些人。依稀记得遇见了一个德国小伙儿，我们一路聊得很开心，他也偶尔扶我一下，我也时常推他一把。后来随着高原反应的加重，我的速度开始变慢，一天早上，他和我简单地交流了几句，就草草地跟我说了再见，我以为他会等我吃完早饭跟我一起，可我从此就再也没遇见过他了。

那一路，我超过了一些人，也被一些人超过，迎面走来一些人，转角也遇见一些人。有些人就是草草打了一个招呼，有些人并肩了一段路程，因为速度不一样，所以匆匆离别了。到了山顶时我才发现，欢呼的，往往是孤身一人。

那时我明白了，爬山和人生一样，你总要学会一个人去走。在这段旅程中，可能会有人陪你走过一段路，但走到路的终点总是会和过来时一样：孤单一人。

其实成长也一样，离开了哆啦Ａ梦，大雄依旧会成长，依旧会向前，但有了哆啦Ａ梦，他只是不再那么孤单而已。趁哆啦Ａ梦还陪着你，赶紧让自己变强，当它离开的时候，笑着说再见就好。

因为，独自长大，是必需的。

谁不是一边破碎一边前行

是不是资源越多、越有钱，或者越有名，人就会越幸福？

如果不是钱、名利、资源来决定幸福，那么，是什么来决定一个人的幸福呢？

有人说，人生有两大悲剧：一是没有实现自己的梦想；二是实现了。

没实现梦想固然是悲剧，但其实，实现梦想后，人往往会迷茫、会不知所措。最幸福的莫过于还没实现梦想时的追梦过程。

读大学时，我们三个就是这样的追梦过程。

小楠和东是我大学最好的朋友，那年，我们十八岁。

小楠告诉我，他的梦想是成为一名纪录片导演，走遍世界的每一个角落。

东说，他梦想成为改变世界的"父母官"。

> 想1000遍不如做1遍
>
> ——李咏

你所谓的稳定，不过是在浪费生命

> 改变世界的方法，
> 没有想象中那么难。

你所谓的稳定，不过是在浪费生命

而那时的我，刚参加完新东方面试，在那些面试者中，我是年龄最小的，每天和那些人比赛备课，心力交瘁。对我来说，梦想很简单：赶紧通过这些倒霉的面试，成为一名英语老师。

那时我只是个穷学生，没收入，空有一腔热血和一技之长，混迹在偌大的北京城。

因为一无所有，所以无所畏惧。

和我一起面试的，都是教授级别的人物，我初生牛犊不怕虎，一路披荆斩棘，顺利杀到第三轮。

面试官说，你讲课功底很棒，就是衣服穿得太邋遢，下次能不能换一件好看的。

他不知道的是，那是我最好看的一件衣服。

东把卡里为数不多的钱转到我的卡上，我们凑了凑，在路边买了一件上衣和一条长裤，一边感叹着物价，一边展望着未来。

那年，我顺利地加入了新东方，成了一名英语老师。

为了上好课，我时常一天不吃饭，因为这样能保持大脑供血充足，上课的效率也能高很多。他们心疼我，总是给我带点饼干、薯片。

当英语老师收入不错，一个月后，我赚了人生第一笔课时费。我拉着两个兄弟，非要去学校边上的大排档吃烤串。我们要了一箱啤酒，点了很多菜。

小楠知道我不能吃辣，东却口味重，于是他让服务员拿一碗水，给我涮干净上面的辣椒。

那家店的老板和我们很熟，于是我们经常提出一些无理的要求。摊鸡蛋多加醋，这样才能下酒；老醋花生加盐，下酒味道好；韭菜别烤黑，味道更棒。

那天夜里，东和小楠对我说，至少你已经顺利迈出了第一步，我们也会努力，五年之后，我们也会让你刮目相看。

追梦的路上，有人陪伴，很幸福，也很踏实。你能放心跑，因为知道即使倒下，也会有朋友在下面为你撑着或扶你起来。

那时的我们，桀骜不驯、无拘无束，坐在马路边上，喝酒喝到天亮。

我离开学校后，就很少和小楠、东见面了。毕竟每个人都有自己的生活。

几年后，我成了名师，又拉到了投资，开了电影工作室。不久，我又开始出书，走进文化圈。

小楠成了背包客，行走于云南和西藏，用镜头记录生活，用画面书写故事。他去丽江的一家电视台，那里的人都认识他，会亲切地叫他一声：楠哥。

而东在体制内，从部队转业后，就去了河南的一个小地方，成了公务员。他喜欢那种生活，不富裕，但是被尊敬，能改变别人生活的点滴。

我们分布在全国不同的地方，只有偶尔谁休假，会去彼此的城市串门打招呼。距离虽远,但只要人到,一定好酒好肉,温暖如故。

后来,我开始混迹于高大上的文化圈,在北京参加各种豪华的饭局,去各种奢华的会所,虽然我依旧不修边幅,穿着随便,久而久之,大家也习惯了我的样子。

我天性不合群,人杂时除非是演讲,否则很少讲话。这些年,参加的饭局越来越多,但很少能吃饭吃到感动,喝酒喝到尽兴。我怀念那段一无所有的时光,怀念那段兄弟一堂的日子。虽然如今实现了梦想,但我更想念那段奋斗的时光。

一次东来北京,朋友和我一起招待,他带我和东去了一家火锅店。他说,龙哥,你最好的朋友都来北京了,还不拿最好的饭菜招呼着?

他带我们来的这家店富丽堂皇,据说是名家经营。服务员满脸堆笑,客气的言语都被换算成了费用写在了账单中。

东说,没必要来这么好的地方吧。

朋友说,没事的东哥,这里很不错,难得来趟北京,必须吃好喝好。

我点头,请服务员递来菜单。东点了两个菜,我们三人寒暄了几句,盘子很快就见底了。

我买单,花了近1000块钱。那时的我,已经有了一些收入,这顿饭虽然贵,但最好的兄弟来北京,不就花点钱嘛,贵就贵点,无所谓。

朋友打车先回家,东目送他离开,松了一口气,说,龙哥,我没吃饱。

他接着说,大排档再来一顿吧!这是什么饭店啊,我都没吃饱还死贵死贵的。

那句话瞬间把站在云雾中的我拉回到地上。

这么多年,他还是没变,其实,我也没变。

既然又想吃大排档了,那就走着!

小楠再次回北京的时候,已经是被晒得又黑又亮了。他不开车,骑着自行车到了北京,自行车被他改造得面目全非,除了能看清两个轮子,其余的都不知道是坦克还是火箭。

我知道小楠是单身,于是叫了个女生和我们一起吃饭。

小楠刚从丽江回来,习惯了我有故事你有酒的生活,我带他去吃饭时,他一开始还放不开,可喝了两杯酒,马上要求去酒吧转场。

我一看,你还嗨了是吧,于是带他去了三里屯。

酒吧里灯火阑珊,服务员彬彬有礼,律动的音乐、不同酒水的色调仿佛都只是暗示着一件事情:档次。

小姑娘告诉我,这家酒吧是这里很有档次的几家之一,酒水品质都是杠杠的。

服务员走过来,拿着酒水单递给小楠。

小楠没看,随口说,摊鸡蛋多加醋,老醋花生加盐,韭菜别烤黑。

服务员瞪大双眼,然后笑出声。

小姑娘也捂着嘴巴笑。

小楠继续说,别放辣椒。

他们继续笑着,我没笑,起身拉走服务员,小声说,威士忌一瓶、一份薯条,够了。

那天的音乐格外刺耳,小楠安静地靠在椅子上,我看着他,他看着地,我们都沉思着。眼前一片模糊,脑子里却呈现着一个世界,这个世界单纯美好,充满着对未来的憧憬,那里没有高高的架子,没有空空的楼房,只有追逐梦想的身影。这些年,我们从来没有变过。

几个月后,小楠回了丽江,继续他的生活。他想拍一部纪录片,就记录那些行走在江湖的人。

东回到了河南的那个小镇,在职期间,他用心帮助人民群众,虽然清贫,但是心安,老百姓爱戴他,他也爱自己的生活。

我在北京,继续奋斗着。

我们被生活冲到了这个世界的各个角落,过着自己喜欢的日子。东曾经说,我们再也不用愁吃不起饭了。毕竟,我们在最能吃苦的年龄没有荒废,每个人都成了自己想要成为的模样。幸运的是,我们都没有变过,依旧忆苦思甜,仍然青春不老。

在这个浮夸的社会里,其实有多少所谓的成功人士,在获得了一点社会认可和资源后,变得飘飘然,变得不得了,骄傲地丢失了自己。同学聚会中一定要穿名牌,三姑六婆前一定要比家底,亲人朋友里一定要中文夹英文。可是,我们都是小小的蚂蚁,只是通过自己的努力爬得比别人高一些,又何必要忘本地让自己高耸入云,无法脚踏实地。

那天和东离别前,我说,无论以后咱们赚多少钱,多么牛×,还是过回大学那样充满动力的日子吧。

东说,其实苦着苦着,就习惯了。

是啊,其实苦着苦着,梦,也就实现了。

一个人变得平庸，是从接受平凡开始的

朋友离开北京了。

每次离别，都像永远不会再见一样。不过时光本身就是难以预料的，谁能确定，今天的离别，不会是最后一见呢？

朋友说，她想要过平淡的日子，自己一个女生，不想在北京承受着买房买车的压力，更不想整天加班加点，焦虑地在夜深人静时哭泣。

我点点头。你不是她，无法为她做决定。

但我深知，几年前，她不是这样的。

刚认识她的时候，她是一个美编，做的图十分漂亮。她大学刚刚毕业，立志在北京打拼下去，我见过她夜深人静时的哭泣，见过她披星戴月地加班。

空闲时间，她还参加了一个英语班。

可是就在这时,父母开始催婚,说她二十六岁了,在老家,正是应该结婚生孩子的黄金年纪,在北京一个人浑浑噩噩的干吗?

她每天都在奋斗,不知何时自己的努力竟然在父母眼中变成了浑浑噩噩。

可是在北京这个相对包容和自由的城市里,大家并不会因为一个人不结婚而议论纷纷。

逐渐,母亲开始爆发,她不停地告诉自己的女儿:平平淡淡才是真,一个女人要什么事业,有个家,有个孩子,才是最重要的。

其实,一句平平淡淡才是真,废掉了多少正在打拼的年轻人。

长辈们大半辈子辛苦劳作,之后回首往事才觉得平平淡淡是真并没有错。

可是他们是否想过,子女才刚出校门,还没开始奋斗,就念着平平淡淡。所谓的平淡,不过是平庸而已。

终于,她选择了那所谓的平淡,她辞掉了工作,接受了母亲给她安排的一个当地公务员的职务。

接着,母亲安排她相亲,她见了几面,然后母亲匆匆地催她结婚。

她和我们联系得越来越少,毕竟,路不同了,大家忙了,也就淡了。

有意思的是,几个月后,她又回到了北京。在上飞机前,她一个劲儿地给我打电话,让我去接她,我以为她就是来玩玩,没想到,她拿着大包小包下了飞机。

后来才知道,她逃婚、辞职,只身一人又来到了大城市。她笑着说,青春是拿来折腾打拼的,我不要平平淡淡。

我送她到她早就租好的房子。北京的夜,忽然美得让人睁不开眼。无论生活多难,总要坚持一下,坚持后,再谈平淡稳定。毕竟,平淡是历经世事之后的淡泊,你还没有见过世界,就想隐居山林,到头来只会是井底之蛙。

我坚持锻炼,身体很少出问题。

只是有天半夜,忽然牙疼到受不了。

第二天我去医院看病,当我走进医院时,发现几乎每个患者的脸上都带着痛苦的表情。医生说我的牙齿早就坏了,由于没有及时就医,最终导致急性发炎加重了病情。

在医院排队时,身边都是老人,只有我一个,年纪轻轻。

其实,谁也不知道明天会发生什么。我们唯一能做的,就是过好今天,用最好的姿态,迎接明天。年轻,就是拿来折腾的。

忽然明白,那句"平平淡淡"毁掉了多少年轻人。

当蜡烛烧尽时,才有资格感叹曾经闪耀过的光芒照亮过哪里;当飞蛾扑火后,才有资格议论舍生追梦值不值得。

我们都一样,年纪轻轻,过早地选择那些所谓的稳定平淡,或许只是平庸而已。

如果可以,我不要就这样平平淡淡地过完一生。

又或许,等我奋斗了一辈子,当白发苍苍,和最爱的人坐在公园的长椅上,我们看着彼此,回首往事时,再懒洋洋地说,平平淡淡的生活真好。

这样的生活,会不会更有意义?

其实你没有想象中那么忙

生活中充满假象，或许你的忙碌，只不过是懒而已。

刚进新东方的时候，我一个小时的课时费是140元，别觉得很多，先听我说完。

学生的学费是一个小时650元。

那时刚毕业，为了维持生计，于是开始了每天十个小时都在上课的生活。从早上八点半坐进教室到晚上九点出来，时常是天旋地转。

我上课拼命，语速快，为了让学生在最短的时间接收到最大的信息量，我经常跟打了鸡血一样，有时候怕困，甚至中午不吃饭。

毫无疑问，上课期间我的手机一定是不开的。

父母打电话之前都是发短信先问我方便吗，我说方便，才给我打电话过来；朋友约我我几乎都没有时间，很多朋友与我越走越远；没时间锻炼，身体状况每况愈下。最有意思的是，女朋友让我选，要工作还是要她。我说，你怎么能这样啊？

她说，你选不选？

我连忙说，选你。

第二天，我又去上了十个小时的课。

事实上，到了最后，我把我们分手的原因归于我太忙了，忙得一天到晚没有娱乐和提升自己的时间，忙到没有时间陪朋友，没有时间陪她。

可是，直到今天，我已经告别了那个时候疯狂上课的状态，回想起来，那时的我不是忙，而是懒。

我懒于去处理工作和人际关系，懒于改变生活状态，懒于去思考为什么自己这么忙。

后来，我和另外两位老师从新东方辞职，我们共同创业。那年，我们三个人，三张嘴、三颗心。因为减少了中间的步骤，我们降低了学生的学费，我们自己找平台，集体备课，招生，然后讲课，这一切都做完并不是很累，但是，我们有很多时间被解放了出来，最重要的是，我们的薪酬不仅没有少，还比之前多了几倍。

现在，我们成立了教培公司，推出了199元120学时、所有教材包邮的公益课。招生越来越多，一个月突破了一万人。对于自己，除了工资待遇没有下降，更重要的是，我们的很多时间都得到了解放，并没有以前那么忙了。

中国有句古话，叫穷忙活。

意思是越穷越忙。那些每天都在思考都在规划的人，都是生活的主人，他们不会成为岁月的奴隶，成天被别人牵着走，弄得疲惫不堪。

反而是那些没时间规划的人、不愿意改变的人，他们忙，他们累。忙，只不过是懒得去想自己为什么这么忙，懒得思考如何改变生活状态，懒得计划下一步而已。

我想到了自己的朋友晶晶。

她原本是上班勤快，下班绝不加班，工作、生活调整得很好的女性。

可几天前，她忽然和男友分手了。

她开始拿工作不停地填补自己的生活，每天加班到深夜。她减少了社交活动，甚至拒绝团建。

后来，她把自己搞得疲惫不堪，朋友也和她越走越远。

我见到她的时候，她已经满脸青春痘，眼睛像大熊猫。她不停地抱怨自己好忙。

我说，你不过是懒。

她说，你凭什么这么说，你知道我有多努力工作吗？

我说，你懒于社交，懒于思考为什么分手，懒于面对内心深处缺少的感情。

她愣在了原地。

后来，她终于开始参加社交活动，在一个派对上，她找到了新男朋友。

接着,她再次恢复了那种不那么忙的状态。

现在,偶尔我还能约她喝个下午茶。

这个世界上,有一种东西叫作生命的温度。当你干一件事干到极致、干到无趣时,是否想过其实你正在扼杀对这件事情的热爱。当你累到不行忙到不行时,有没有想过换个思路、换个方向走走或休息一下,这样效率会不会更高?

整天被生活拖着走,像被上了发条一样。逐渐地,就忘记了思考的能力,接着,就忘记了出发的原因。

生活就是如此,其实你可以慢下来,去看看周围的风景,或许比起忙得团团转来,放松下来更难让人接受。

计划好,再奔跑。别懒于思考、懒于规划,傻傻地忙,到头来,或许除了疲惫什么都得不到。

珍惜浪费的时间，才能拉开你和别人的差距

失败者失败的原因各异，但成功者却都有个共同特点：他们珍惜时间。

他们在有限的生命里，不停地切换角色，善用鸡肋时间。可怕的是，他们竟然很少通宵熬夜，给人一种看起来一点也不努力的感觉。

前段时间，我见了一个从央视离职的记者。她告诉我自己为什么选择了记者这个职业。

她说，一辈子太短，她想多切换一些角色，努力地活，让一辈子没什么遗憾。

记者能让她见到各行各业最优秀的人，和他们打交道，能看到并且感受他们不同的生活轨迹。

其实我们身边有很多生活的强者，他们的时间都是按秒计算的，

不用闹铃早上就能自然起床,不用人催也不会泡在网游里浪费时间。他们自律,他们奋进,因为,时间对他们来说,是一切。

一天,我到一所学校演讲。

那是一所普通大学,我长得像学生,穿着随意。因为来早了,于是就坐在了学生的位置。

不久,一群学生玩世不恭地走了进来,他们叽叽喳喳,忽然一个人大呼,我的天,教室都成这样了……

我听傻了,一个学生,有多久没有进教室才能有这样的感慨?

接下来发生的事更可怕,我旁边的一个女生说,准备睡一觉,然后就回宿舍。

我问她,回宿舍干吗?

她以为我在跟她搭讪,鄙视地看了我一眼,然后嫌弃地说,当然是继续睡觉。

我无言以对。

讲座结束后,那个女生脸都绿了,她走过来,非要请我吃饭。我推不掉,于是赴约。

后来,我才知道这次讲座之所以人这么多,是学校要求他们必须来听的。他们无所事事,所以,就必须被人安排时间去做一些事。来的,能加学分;不来的,期中考试成绩零分。

我忽然不知道该不该感谢这所学校的老师了。

她说，他们大多数学生不是宅在宿舍里，就是去外面打游戏。大家都不愿意去上课，因为感觉学校老师授课水平一般。

我问她，老师讲得不好，为什么不用时间自学呢？

她说，没办法，老师点名啊。

我说，那就算去了，也可以在课上自学啊。

她说，我们上课一般都是睡觉，要是学校都是您这样的老师就好了。最后，她还感叹了一句，大学四年过得真快啊，现在回想起来，这四年补了好多觉。

你可能不信，这就是很多大学生的现状。

很多年轻人，在最美好的青春年华，竟然无所事事地浪费着青春，他们等着、挨着，希望这段时间赶紧过去，然后再去等待另一段时间。他们不规划自己的人生，不去利用他们现在最宝贵的时间。他们竟然不知道，一个人在最无忧无虑的年龄里，可以充实地做很多事，他们更不知道人的生命是最脆弱、最稍纵即逝的。此时此刻，不用养老，不用抚小，他们却无法利用独处的时间，让现在的独处在今后发光。

我在某次巡讲时，被一个学生问到怎样提高学习效率。我问他平时一般在哪里学习。

他说在宿舍。

我说，是不是一只手拿着手机，然后学一会儿在床上躺一会儿？

下面的学生不停地笑。

于是我说,丢掉手机,走出寝室,是提高效率的第一步。

忽然下面响起了掌声,我实在不知道为什么这句话会获得掌声。可我惊奇地发现了一个事实:大家太不会利用时间了。

我们缺乏了使用"鸡肋"时间的能力,更少了计划生活的本领。这两种能力,是年轻时最应该掌握的能力。

年轻时,寂寞是常态,你还没有那么强的社会资源,独处的时间会占大多数。

不过,正是这些独处的时间,可以锻造出一个更好的人。

身边很多朋友都在给自己列清单,列出今天哪些事必须做,哪些事想要做,哪些事可做可不做。一天的黄金时间,先做必须做的;再做想做的;最后,做那些可做可不做的。他们依旧给生活留下一些不规划的时间,为生命留下足够的彩蛋。

或许,当你认识到生命的可贵,才知道生活是多么宝贵,不允许浪费。

我们都有过睡了一下午发现头更疼的经历,也都有玩了一天游戏心更虚的状态。

读军校时,没有大把大把的时间去学英语,唯一能做的就是利用好那些鸡肋时间。

直到今天,我很感激自己当时对自由时间的把握。我经常把单词写在字条上，用自由活动的间隙看；把MP3里装满英语音频，在叠被子做内务的时候听。

我曾经写过一篇文章《最好的休息，不是会睡觉》，当学累了后，别着急睡觉，去跑步，跑步后，学习效率会提高很多。毕竟，跑起来的人，会觉得世界一直在动，那些躺下的人，永远不知道世界可以充满风和音乐。

后来，我开始当老师。白天不停地重复着课程，夜深人静，在所有人都睡觉或者出去嗨时，我选择坐在家里写字。

几年后，我竟然阴错阳差地成了编剧、作者。

我们每次去医院看到那些即将离世的人，都会感叹生活的来之不易。既然这么来之不易，就多活几个版本的生活吧。

那些被偷走的时光，是否，你都用过了。

时间既然这么短，更应该把一天当两天用，一辈子多切换几个角色。毕竟，动起来的世界总是比懒洋洋的生活要好，那一路，看到的风景也会不同。

青春短暂，时光亦然，总要抓紧一分一秒，才能不虚此生。

职场中既要站稳脚跟,又要眺望远方

朋友在单位的人缘一直很好,早上跟同事打招呼,晚上跟同事说再见,团建的时候,他也是大家的开心果。这样的朋友,在你我身边,比比皆是。

办公室政治虽然复杂,但是他一天到晚开开心心,没什么心眼儿,大家对他也总是笑呵呵的。

他也时常逢人就寒暄两句,人缘看起来确实很不错。

不久,一家公司愿意给他提供更好的待遇,那时他结了婚,有了孩子,老婆工资不高,孩子需要照顾。

于是,他为了更好的未来,为了更好地照顾家人,离职了。

离职当天,他去收拾行李,一向对他笑呵呵的公司同事,竟然没有一个跟他告别,大家都当作没看到他,无论他怎么跟人打招呼,大家也只是笑一笑，然后赶紧埋头干自己的事情。

一个同事把和他合影的照片藏到了抽屉里，另一个同事早早地坐到了他的位置，当他不存在。

没人搭理他，就像他是个陌生人一样。

只有前台，惊讶地看着他，然后跟他说了一句，你怎么还没走？

朋友苦笑着跟我抱怨，这一走，才知道人情冷暖。

我笑了笑，没说话。

他问我，同事就不能成为真正的朋友吗？

我说，你去工作，不过是为了赚钱养家而已，那里其他的人也是为了这个，大家不过是工作伙伴，共同做一些事情而已，为什么要谈真感情呢？

其实，办公室的感情很复杂，有时候你开玩笑地说了一句话，就被人传到了领导耳朵里；有时候你发一条抱怨的微信，就被人截图抄送到领导手机中。

不是说办公室没有真感情，只是那感情，比我们从小到大的感情，要复杂得多，不单纯得多。

所以，最好的职场生存法则应该是先保护好自己，然后再去相信别人。

既然每个人来工作都是为了自己的目标（无论是赚钱还是升职），那么就把同事当成最熟悉的陌生人就好，何必要走得那么近，当成亲兄弟一样掏心掏肺呢。

掏心掏肺后，受伤的往往是自己。

其实，很多笑容，在你离职之后，都会变成锋利的匕首，原形毕露，在背后扎痛你。

说来残忍，你可能不愿意接受，但这就是事实。

我曾和他一样，单纯得像一张白纸，在每个环境里，都努力融入其中，人缘都不差。离职过两次，每一次在离职后，那些曾经的"好朋友"都在背后冷言冷语。

后来我才明白，每个人都是独立的个体，都是群体的一员，所谓合群，都是暂时的。

其中有一次，一个同事在开会的时候，大骂我们几个离职的老师。

结果被我知道了，我本想发作回骂，后来，跟我一起离职的老师说，你知道吗？他马上要升职了。

我说，不知道，那又怎么样呢？

他继续说，他只有通过骂我们，才能凸显出自己即将当领导的合理性。

利益而已。

我点点头，明白了许多。也是，利益而已，哪有什么感情，走的如果是别人，结果也是一样的。

既然都离开了，剩下的，就让你们说去吧。

有时候我经常会看到离职的员工大骂原来的公司，或者看到原来公司的员工忽然挑衅走了的人。

我总会想，走了就走了，何必要撕破脸呢。

各位看官应该跟我一样，不管道理谁对，首先都会觉得开骂的一方没有什么风度，尤其是那个辞职了的员工。

其实，你离开了那家公司，就已经证明了从你的角度出发，那家公司是有问题的。

你不用再诋毁它。相反，你更应该抬高它。

只有抬高它，才是更加机智地抬高了自己：它很好，但是我希望自己更好。

奔跑的路上，绝对不要往回看，更不要一边跑，一边对着后面的人骂，累不累？

成功的路上，要允许那些人在背后说你。毕竟，路是你自己的，不会因为几只苍蝇嗡嗡叫一通你就会倒在血泊里。跑得快的人，只能听到风声，只会看到美景，眼里哪会有苍蝇。

剩下的路，你只需要越来越好，别忘了离开的初衷，是为了成就更好的自己。

其他的，随他去吧。

你的善良，要有锋芒

我曾在乡下的老家听到过杜鹃的声音，那声音"布谷布谷"像是充满着悲凉，也像是在思念着远方。后来我第一次在树上看到杜鹃，果然，就如王维那首诗中所说："万壑树参天，千山响杜鹃。"它那么美好，以至于我都想天天听到它的叫声。

但这一切，都在我看完一集《动物世界》后改变了。杜鹃是鸟类世界的超级浑蛋。

那个在十几年前让自己女儿顶替别人读大学的老师，就是人类世界的杜鹃。而因为这件事被牵出的 200 多起相同顶替事件背后的操手、家长、老师，全部是人类世界的杜鹃。无论他们叫得多么好听。

这段时间我本不应该讨论社会上的新闻，我的团队也多次警告我，让我在新书宣传期少评论时事。但这个顶替事件完全突破了我想象力的底线。居然因为一己私利，毁掉了那么多孩子的一生。

那好，我不评论时事，就说回杜鹃。杜鹃自己不会做窝，也不孵卵，平均每年产蛋2—10个，却把产的蛋放在画眉、苇莺的巢窝里，让这些鸟替自己精心孵化，而且它每飞到一个巢窝里只产一个，因为害怕放两个自己的孩子，先出生的会六亲不认踢掉自己的兄弟姐妹。显然，这已经是蓄谋已久，是产业链。

接着，等到春末夏初，它们便飞向北方，重新寻找宿主，继续谋杀别人的孩子，养育自己的孩子。久而久之，"布谷布谷"的声音会越来越多。这声音的背后，都是别的孩子的血。据说，杜鹃可以把自己的蛋寄生在120多种鸟类的巢中。而大多数鸟类，都不会怀疑，就算有的有了怀疑，也不会去追查。直到这小杜鹃变成了大杜鹃，大杜鹃继续按照这个逻辑生存。

如果你还在读书，过两年还要高考，看到这弱肉强食的世界，也别那么绝望。因为有一种鸟，杜鹃是肯定不会碰的。

这种鸟叫老鹰。据说，在小鹰不会飞的时候，老鹰就直接把它扔下悬崖，如果小鹰能飞，就飞起来，飞不起来，就直接摔死了。更重要的是，老鹰是杜鹃这类鸟绝对不敢招惹的。试想，一个死都不怕的物种，还会怕你寄生？就算让你寄生，你杜鹃也要敢啊！

这就是为什么又弱又善良的鸟儿最容易被杜鹃盯上。

所以，去做老鹰，做那种不好惹的物种，做那种遇到事儿不怕事儿的人。你的善良，必须要有锋芒。低声下气不会让人尊重你，让人尊重的唯一方式，是你足够强，值得被尊重。

这是大自然的生存之道，也是我们的生活法则。

Part 2

认准的路，
就别问能走多远

我们可以被磨平棱角，
但是不能变成自己曾经不喜欢的模样，
至少当我们老了后，
可以自豪地说，我这辈子，
让这个世界变好了一点点。

认准的路，就别问能走多远

1

一年能不能彻底地改变一个人？这个问题，许多人问过我，我也问过许多人。我先说答案，答案是肯定的，而且，一年，可以彻彻底底地改变一个人。2015年年底，我认识了一位演员，几次工作受挫后，她决定闭关苦练英文口语，闭关前，她问我，学英语有没有捷径？

我说，没有。她说，如果自己每天都学英语，坚持三个月能不能学好？我说不能，时间太短。她问我半年呢？我有些犹豫地点点头。她继续问，如果一年呢？我使劲地点点头，然后又摇摇头。

她问，怎么了？我说，一年的坚持肯定可以让你变成一个英语口语高手，但许多人都在半途放弃了。她笑了笑，说，你太小看我了。

2016年年末,我再次见到了她,她依旧接着一些不痛不痒的戏,演着不温不火的角色,重要的是,她的英语依旧没有提高,除了几句简单的打招呼,其他还是一窍不通。于是,我问她为什么没坚持下来。她有些不好意思地说,一年的时间太长,中途总有些事情打断了我的计划,所以,有没有短一点见效的方式?

我愣在了那里,因为她又回到了原点。她认为的捷径,让我想起了自己在健身房跟教练的对话,我问教练,能不能快点减掉20斤?教练说,我跟你这么分析吧。抛开饮食,如果你想一年减20斤,你需要每天跑3公里;如果你想半年减20斤,需要每天跑5公里;如果你想要三个月减20斤,需要每天跑5公里,然后坚持不吃晚饭;如果你想要一个月减20斤,你一天就只能吃一顿了,跑步必须从原来的5公里叠加到10公里以上;那如果你想要一天就减20斤,只能做手术了。

教练还补充了一句话:做手术的风险很大,往往会有后遗症,所以,除了注意饮食和坚持运动,并没有什么好方法。的确,坚持在时间的推动下,会有惊人的力量,这种力量能潜移默化地改变人。道理大家都懂,只是很少有人能坚持到最后而已。

2

所以一年能不能彻底改变一个人呢?再说一遍吧,答案是能,不过你需要的，是坚持。又是一句鸡汤一般的话，却是成就万事的真理。其实坚持最难的地方，是要学会聪明地放弃一些东西。如果你要坚持锻炼减肥，就要放弃临时被约的饭局；如果你要坚持每天学英语，就要放弃爆红的网剧。因为你不可能一边吃着大鱼大肉一边减肥，更不可能一边沉迷在偶像剧中一边背着单词。

这些放弃，往往意味着更换另一种生活状态，并且养成习惯。习惯一旦养成，坚持就变得容易了很多。人为什么会这么容易放弃，是自己意志力不够强大吗？是自己天生就适合坚持吗？不是，人的基因最初就是被设计成懒惰的，容易放弃的。的确，我们都在年初的时候满怀信心地许下宏伟壮丽的目标，却在年终的时候无奈地摇摇头，然后自己责怪自己：坚持太难了。

坚持难吗？难。可是为什么有人可以坚持下来呢？不是他们意志力有多强，而是他们养成了习惯。我在年初，决定在今年读够至少50本书，于是我在决定当天就买了20本书，放在最明显的地方，每天不看就觉得买了好可惜。我把每天晚上十点到睡前的时间挤出来看书做笔记，那段时间一定关掉手机，安静地阅读。

我先坚持了一周，一周后，好几次想打开电脑或手机跟人聊聊天，出门看看电影，吃点大排档，但我都忍住了。又坚持了第二个星期，十四天后，我开始养成了习惯，接着，每天如果不在这个时候读书就总觉得少了点什么，它成了我生活的一部分。

坚持就是这样，前几天难受，一旦成了习惯，就变成了下意识。

所以，你完全可以用一年的时间，不间断地去做一件事情，去磨炼一项技能，提升自己的能力，然后让这项技能如影随形地带你去更高的平台。

3

过去的一年里，我见到了许多有趣的案例，一个朋友每天坚持写作，然后出了一本书；一个朋友坚持每天早读，托福考了110分；一个朋友坚持健身，年底秀出了八块腹肌的照片。他们并不比我们聪明，他们只是敢在生活中做减法。

那个每天写作的朋友，就算是在聚会时也带着电脑，无趣地写着一些东西；那个考托福的同学，成天蓬头垢面，半年没有买过一件新衣服；那个健身的朋友自从决定坚持后，就再也没在晚上和我们吃过夜宵，当然他也快没朋友了。有人说，这世界的美好都源于坚持，坚持一天容易，坚持一周也不难，难的是坚持一年。

其实不是，人毕竟是有惯性的，坚持十几天，自然就养成了习惯，剩下的，交给时间就好。那为什么你听了这么多道理，还过不好这一生呢？因为你只是听，那些人，他们在做，而且已经开始坚持了。

新的一年即将到来，所以，你要不要从今天开始决定坚持一点什么，养成好习惯。一年后，当你再看到这篇文章，会有什么感触呢？

这世界许多美好的事情，都源于坚持。愿你在新的一年里，能够坚持自己喜欢的事情，变成一个不一样的人。

坚守底线，不向这个世界妥协

那是我刚迈入军校的第一天。

我们剃了相同的发型，穿着同样的装束，遵循所有的规定。

刚刚结束高三的假期，所有人刚从自由自在中缓过劲儿来，马上就穿上了一件军装。

那年，《士兵突击》风靡一时。

那年，我们天真地以为我们都能成为许三多。

第三天晚上，本已训练疲倦、思乡情浓的我们，被班长拉了紧急集合。晚上十一点，我们背着被子集合，在夜色中跑步。那时的北京，还能看到好多一闪一闪的星星和明亮的月光。

班长一声令下，让我们做一百个俯卧撑，然后就可以回去。

我只记得，做到六十个左右时，已经无法继续。但我心想做到一百个就能回去，就撅着屁股继续往下一点点做，嘶吼着做，眼泪打着转做。

没想到，做完后，班长依旧不让我们站起来。我们屁股撅着，班长走过来，拿武装带一下下敲我们的屁股，让我们屁股下去，可我们屁股被敲下去后没几分钟又抬了起来，然后继续被敲。汗水浸透了衣服。

忽然，夜色中传来了一阵哭声，声音很刺耳，"我想妈妈了"。

那个哭的哥们儿，是一个大个子，身高一米九几，他的名字叫痘痘。当他流泪的刹那，所有人强忍的泪水都在往下掉，就像压倒骆驼的最后一根稻草。滴在地上的，不知道是泪水还是汗。

其中一个人没有流泪，他很坚强，不是我，是我的好朋友——达飞。

那个晚上发生的事情，我不愿意继续写了，因为多年以后，我依旧会想到那段往事。那是我们第一次接受严格训练，虽然当时，我们根本不知道为什么。

那天等我们回到宿舍，已经筋疲力尽。

刚准备开口交流两句，班长开门进来，让我们站在床边，不让我们睡觉。就这样，我们又站了半个小时，他看着我们一个个哭丧着脸，或许是心疼了，于是他讲话忽然多了些柔软，语重心长地说，你们别怪我今天这样对待你们，告诉你们，这都是为你们好，等你们以后当了班长、排长了，到时候你们就知道今天晚上我做的一切的用意了!

随着门被关上,宿舍里先是死一般的寂静。许久,一个声音像黑暗中的一道光一样,是达飞。他说,等我以后当了排长,一定不敲打新兵,我要用语言教育,用行动感化!

对,我也不会。

我也一定不会,凭什么管教士兵是要用粗暴的方式……

那天夜晚,所有人都为自己不确定的未来许下了一个美好的诺言,等自己当领导了,一定善待新兵。叫得最凶的,是痘痘。

几年后的今天,我已经从军校退学从事电影和写作工作,想起这段故事还是很有感触。当时的战友,都已经分配到部队的各个基层当了排长,真实地过上了带兵的日子。

岁月像上了发条,许多朋友即使距离很近,也久久无法相见。

达飞分配到了基层,据说带的兵很多都是"95后"。他们以自我为中心,懂得自我保护和自我价值,他们懂得分辨和独立思考,是很多带兵人头疼的"刺儿头"。

前些日子,我见到了分别很久的达飞,寒暄了几句就聊到了过去,他感叹现在的自己已经是排长了。

我问到了他最近带兵的感受。

他叹了口气,说,难啊。

我说,为什么?

他说，简单粗暴的方式是最方便的，可是，你知道吗？我不愿意。

接着他讲了一个故事。一天，新兵报到，和我们当年一样，很难适应新生活，更难适应被管的日子。于是，几个班长约起来把士兵拉了紧急集合，同样的方式，同样是夜晚，同样是哭声。在此之前，达飞再三跟几个班长说，无论怎么整，别动手。

几个班长觉得自己的威信受到了挑战，大喊，排长，你不懂！达飞咬着牙，像捍卫过去那个纯净的许诺，说，我说过不能动手，就是不能。

几个班长愣在了那里，然后不欢而散。

从那天开始，几个班长开始背后说达飞不会管理，不会当排长。故事结尾处，达飞跟我说，其实，我只是偶尔会想起，当初我们许下的诺言。

我没有评论。

有时候你会觉得，当一个自己曾经眼中的坏人很容易，因为当所处环境就有问题时，同流合污比洁身自好要容易得多。所以不知多少人最后变成了自己不喜欢的模样，变成了自己曾经瞧不起的样子。

我把达飞的故事讲给了一个朋友听，他说，达飞是不是傻，拦什么啊！何况也没打他啊！

说这话的人，是几年前那个哭得稀里哗啦说想妈妈的痘痘……

痘痘在自己的圈子里升职很快，他的人际关系处理得很好，他变成了之前他讨厌的人，他的士兵在变成士官后会学习他，甚至变成他。何时才是尽头？

我曾经戗他，说你变了。

他笑了笑，说，我才明白，谁能改变世界呢，让自己不吃亏就好了。

我笑了笑，说，你还是改变了世界的，世界因为有你，变得恶心了一点。

他以为我在开玩笑，但他当时不知道的是，我再也没有联系过他。

我发现，很多人在年轻的时候都许下了改变世界的诺言，随着自己长大，却逐渐被世界改变了。

我曾经说过一句话：别觉得改变世界是一件很大很不现实的事情，每个人活着都是为了改变世界的。你是一个好人，就能让这个世界变得好一些；你要是个坏人，世界就因你而变得坏了一点。可悲的是，随着我们长大，很多人忘记了当初的梦想，丢掉了当初的美好，他们一点点地变成了自己曾经不喜欢的模样，当问到为什么，他们都笑笑，说，只是为了谋生嘛。

如果我现在还是原来的模样，其实也不知道未来自己会成为什么样子，会不会动手毁掉当初自己的承诺。当好人不难，难的是一辈子当好人。

秀丽是一个农村出来的媳妇，1962年出生。她嫁给李家的时候，十八岁。

秀丽爸收了李家几百块钱的彩礼，秀丽就改姓了李。秀丽出生在自然灾害的尴尬年代，经常吃不饱。

父亲挨饿，为了让女儿不受苦，在她还小的时候就定了亲，嫁入当时的大户李家。

男人没有继承大户人家少爷常有的缺点，他很爱秀丽，保护着秀丽，不让她干太多的农活儿，说女娃娃，吃饱生个胖小子就好，不用下地费劲。

不幸的是，从嫁入李家的第一天起，婆婆就不停地跟她作对。村里有个传统，媳妇嫁入婆家，需要给婆婆递一碗茶水，只有婆婆喝完，才算入门。秀丽恭恭敬敬地递给婆婆，可婆婆却看似无意地故意摔到了地上。茶杯破碎的声音，就像秀丽之后的日子。

秀丽在男人外出工作后，承包了家里所有的家务活儿，她时常被婆婆冷嘲热讽。怀孕那年，还被要求去河边洗衣服。她忍不住，终于哭着跟自己的男人说了。

男人搂着他，跟她讲了自己妈妈当年当媳妇时被婆婆欺负的事。当年的母亲暗自发誓，总有一天，自己也会变成婆婆，苦尽甘来。

秀丽没说话，她也暗自发誓，告诉自己，等自己成了婆婆，一定不会这样刁难自己的儿媳妇。

在年轻的时候，我们多多少少会许下一些诺言，来告诫自己以后不要成为什么样的人。可是,多多少少,我们都与之前的诺言失之交臂。

几年后,秀丽生了个大胖小子。她和男人笑得嘴巴咧到耳朵根,婆婆高兴地冲过去,也不管虚弱的秀丽,只是开心地说,这小子以后一定会是一个好农民。

秀丽有些不高兴,她看着这落后的村庄和周围的满目疮痍,暗自告诉自己,儿子一定要去大城市,要不顾一切地努力,她更希望儿子飞黄腾达后能回来看看自己。于是她笑着跟妈妈说,妈,孩子的名字,叫达飞吧。

是的,秀丽,就是达飞的妈妈。

达飞被调去了新单位,可他坚持自己的方法,不违背年轻时自己许下的诺言。

他们去了一个县里招兵,一些新兵家长会给过来招兵的排长或者班长一个红包。那次,达飞嘱咐弟兄们,绝对不能收这个钱。

一开始班长很不理解,问为什么不能收?

达飞说,如果你们收了,之后体检时发现孩子有传染病怎么办,孩子视力不合格怎么办,是退还是不退?不退对部队有影响;退,你们拿了人家的钱,这样做是不是把自己搭进去了?

班长一听觉得有道理,就这样,因为达飞的坚持,没有人收红包了。

带兵也是一样,达飞一开始很难劝服他们,但是他坚持不以肢体语言来传达命令、树立威信,后来大家都习惯了语言交流而不是动手,习惯了讲道理而不是暴力。他带的兵有三个立了功,获嘉奖的一大堆,他们排屡次获得荣誉称号,退伍前,几乎所有人都有了一技之长。

达飞也升职了。

其中一个士官,退伍后介绍自己的妹妹给达飞,达飞羞涩地第一次约了纯朴的芳芳,芳芳是一家网络公司的业务员,人踏实能干。

他们过得很清贫,但是很踏实。

那年,达飞向芳芳求婚,芳芳哭得稀里哗啦,但是没有同意。几天后,芳芳告诉达飞,她清楚地知道达飞是好人,但怕他爸妈不喜欢自己。

芳芳说,上一次恋爱,就是因为婆婆人不好,最后她忍痛分了手。

达飞笑了笑,然后说,我妈只会是个好婆婆……

秀丽来看他们的时候,带了一只鸡,她握着芳芳的手,说,以后你就是我的孩子,有什么苦告诉我,我们一起扛;达飞欺负你,告诉我,我打他。

芳芳哭得像个泪人,达飞在一旁欢欣地笑。她嫁给达飞时,达飞一无所有,没有钱没有房子,只有一颗真挚可爱的心。婚礼那天,很低调，就请了我们十几个人。

我当伴郎，在敬酒的时候，我哽咽地说，老天爱那些执着的好人。

或许很多罪恶，都是因为那些根深蒂固的传统：我当媳妇的时候受欺负，等我变成婆婆时也要欺负媳妇，因为我过去被欺负了。

可你是否知道，不因为世界而改变，坚持那些美好的事情，虽然前期很难，但上帝会一直让那些追求本真的人幸福，这种温暖持续的时间更长。

上一周，我遇到了大学期间的好朋友A。记得几年前，他天天一副愤青的模样，每次喝酒都跟我痛斥这个世界的不公。他喜欢读书，还喜欢关注国际新闻，把每次看到的不爽都跟我吐槽，跟朋友们说。

他品学兼优，说实话，我喜欢他时刻保持着愤怒的状态。

有一次喝多了我跟他说，要保持这种愤怒，等这种愤怒没有了，你就不是你自己了。

上周我们喝了一次咖啡，他穿着西装，早已没有了当年的愤怒，静静地喝了一口，平淡地说，龙哥，我们都长大了。

我没有说话。

他说，龙哥，我准备留校当老师或者考公务员。

我沉默地看着桌子上的咖啡，很久没有说话。临走前，我问他，你终于还是决定妥协于这个世界了？

他笑着说，× 这世界。

那时，我忽然笑了。他一直没变。

我们可以被磨平棱角，但是不能变成自己曾经不喜欢的模样，更不能忘记曾经想让自己变好一点的梦想。或许，我们不能像达飞那样勇敢地去坚持，像秀丽那样去改变，甚至，我们无法改变被世界改变的现实，但至少，在我们老去的路上，不要让自己变坏。至少当我们老了后，可以自豪地说，我这辈子，让这个世界变好了一点点。

即使很少，也心满意足。

你只有非常努力，才能看起来毫不费力

2010年，我背着包，穿着一身破烂的衣服来到位于中关村的新东方面试。那年，面试我的是曲根老师，现在的他，已经离开了新东方。

我没有准备任何演讲，因为来这里面试也是个偶然。

他让我现场做了一套考研题，讲一个擅长的单项，他说，不准错，错了就回家。

我做得很仔细，没问题后上台了。讲完后，他跟我说，你讲得很好，就是衣服穿得实在是太烂了，下次换一套好看的衣服。

他不知道的是，那个时候我在读军校，面试都是我偷偷溜出来的，至于衣服，那套是我最好的了。

三次摧残后，我进入了最后一轮面试。前面的几个老师在试讲时老大在后面困得睡着了，而我上台时，也不知道是我太有杀气还是怎么着，老大醒了。听完我讲课后，他惊讶地说，你讲得挺好，

不过资料显示你是"90后"啊，你有没有考虑过先当助教啊。

我当时心想，谁愿意当助教啊，我是来面试老师的！

面试结束后，一路骂骂咧咧地走进地铁站，想，还是老老实实地回学校当兵吧。忽然，曲根老师给我打电话，说，你过了啊，恭喜，恭喜加入我们，成为英语教师。

新东方给我开的第一个班在魏公村，老大对我信任，上来就让我上了一个一百人的班。那时的我，刚参加了希望英语演讲比赛，拿了全国第三。初生牛犊不怕虎，我想，既然我英语演讲这么厉害，上课还不是小菜一碟。

后来我才知道，上课和演讲是完全不同的两码事。

第一个班，学生看我的眼神只透着一个含义：还我学费。恨不得把鸡蛋、白菜扔上讲台来。只有一个学生很友善地看着我笑，后来我才知道，她是笑我的衣服穿得邋遢。

那个班我清楚地记得给我的打分是4.2，和我搭班的尹延老师分数是4.9。也是那时，我听说了新东方有这么一个变态老师，讲课竟然能如此地好。我默默地告诉自己，总有一天我要超过这个叫尹延的老师。

一次偶然的机会，我在教师休息室看到了尹延，我谦卑地问他，老师，怎样才能把课上得跟您一样好？

尹延喝了一口茶，抬头看了我一眼，缓缓地说了一个字——

"悟"！

于是我开始陷入了持久的"悟"的状态。

接着，他问我，一节课两个半小时，你备课多久？

我说，三个小时吧。

尹延说，你知道我备多久吗？

我说，不知道。

他猥琐地笑笑，说，很久很久。

于是刚入职的那段时间是我最充实的一段日子，每天把课对着墙不停地讲十遍以上。一节课两个半小时，备课的量一定超过三十个小时。等一切没问题了，才敢继续登上讲台。

那段日子我没有收入，靠父母每个月给我3000块过日子，不忍心花父母的钱。于是我一边备课，一边省吃俭用。

为了省钱，我租了一个不到十平方米用浴室改装的单间，只要晚上其他楼层有住户洗澡，我就无法睡觉。于是我等着他们都睡着了我再睡。后来实在扛不住，就直接把水闸关了，经常搞得其他租户以为停水了。

为了少花爸妈的钱，我吃了一个月的泡面，吃得嘴巴上起了好多小疙瘩。

那时好兄弟来看我，看我住的环境，给我带了一条毛巾被，感动得我热泪盈眶。我们几个兄弟挤在里面吃着涮锅，拿一次性杯子装汤喝，喝多了就听着手机里的歌曲跟着唱两句。直到今天想起来，依旧很幸福。

父亲从家来看我，一进我的小房子，眼泪就在眼眶里不停地打转。

那个暑假，除了上课就是备课。我只是相信，路是靠自己往前走出来的，这世上没人能决定自己的命运，除了自己。就算上帝能决定，也应该如同是脚踏车，上帝蹬左边，我蹬右边，缺一不可。

于是我好好备每一节课，认真过每一天，我坚信，老天是不会亏待一个努力的人的。

几年后，我在公交车上遇到了我第一个暑假带过的学生，他说，您上课时讲的故事，现在还在影响着我。

我很幸福。

2012年暑假，是我在新东方的第二年。

一个下午，秘书给我发来了教师打分表。我无精打采地打开了表格，惊讶地发现：第一个班4.9分，第二个班4.9分，直到我看到最后一个班，依旧4.9分，而自己一直崇拜的尹延老师竟然是4.8分。

那天在教室外，我听见尹延跟另一个老师聊天，他说，那个李尚龙是干什么的？是不是哪个分校调过来的老教师？

另一个老师说，听说是个"90后"，现在"90后"都能当老师了。

然后我出门，跟两位老师打招呼。

那位老师看着我，赶紧微笑着点头，说，你好你好，学习要加油哦!

这个老师,叫石雷鹏。

石雷鹏老师是我见过的学术水平最高的老师,虽然之后我们每次拍戏都会给他安排一个猥琐的角色。但大家都明白,只有德高望重和自信的人,才敢于接受这么难的角色。

后来,我们成了很好的朋友。

再后来,我们成立了网上最牛的网课团队"名师天团"。

2013年,四六级改革。与此同时,特别巧的是教听力的前辈们怀孕的怀孕,生孩子的生孩子,坐月子的坐月子。后半年,我每天都要上十个小时或者十个半小时的课,从这个校区赶到另一个校区,每天除了上课就是备课,吃饭极度不规律,睡觉不超过五个小时。为了保障课程质量,我每天起得很早,提前到校区调整状态,看一遍课件。为了对得起学生的学费,每次课我都站着上,喝大量的凉水和红牛来保持清醒。

那段日子,我连刮胡子的时间都没有,经常晚上吃夜宵,体重飙升,我上课时跟学生说我是"90后",但学生们说我有四十岁。

每次刚一下课,我就打车飞奔到另一个校区,其实在路上就那么一会儿时间,但即便再短的时间我也能进入梦乡。

晚上我看着夜色,时常累得一句话也说不出来。可每天最开心的事情,就是学生给我的掌声和在微博上给我的留言,那时我才觉得今天的努力没有白费。

记得有一次，连续地备课上课，让我疲倦不堪。

上课时电脑忽然崩溃，无法投放PPT，眼看课程就要出现事故，我看着下面一个个求知的眼神，心想一定要解决，然后焦急地跑上跑下换电脑调整线路。

当电脑的画面调整到大屏幕时，我激动得情不自禁地大叫了一声。

学生们看着我笑，可只有我知道，只是屏幕能调节出来，音频还是无法使用。

可听力课没音频怎么行。

于是我人工播放，冒充男女混搭，念了一节的课，嗓子冒烟。

中午，我没吃饭，跑去修电脑。因为课间只有五十分钟，下午上课时学生就来了。

修电脑的工程师修了半天，终于修好了笔记本，我在最后一分钟冲进教室开始上课。学生们没有人知道发生了什么，只是看我满头大汗，还以为是刚从别的校区跑过来。他们该学还是在学，该笑还是在笑。

回到家，我倒在床上，捂着被子开始大哭，心想图什么，我才二十三岁。

这时，忽然一条学生微博私信映入眼帘，上面写着：老师，今天辛苦了。

我扒开被子，擦干眼泪，打开电脑，继续备明天的课。

在决定离开新东方的那天，我是经过深思熟虑的。

四年的讲台，熟悉的麦克风，可爱的同事，最重要的，是那些稚气可爱的学生。可毕竟自己还年轻，该追的梦想还要去追求。

我成立了自己的影视工作室——龙影部落，两年前，我们和优酷合作了《在路上》，是我们的第一部电影。随后，我们又拍了《变质的选择》《崩溃青春》，再后来，我们拍了《断梦人》，在电影院上映。

这些年，我最喜欢的，是用镜头记录青春，用笔写下记忆。我最擅长的，是发现身边的美和身边让人感动的瞬间，让它们变成故事去感动更多的人。

决定离开新东方的最后一节课，我提前了半个小时进教室，看着学生一个个进来，我停止了课前播放的音乐。

课程结束后，我放下麦克风，认真地跟学生们讲，这是我最后一节课，在新东方的，最后一节课。或许，是当老师的最后一节课。

本来笑容满面的学生，忽然都不笑了。我讲完了最后一段话，说，各位，我们照一张相吧。

他们立刻沸腾，闹着跟我合影，我强颜欢笑，可转身，便泪如雨下。

毕竟，最年轻的日子，全部给了新东方的讲台。

毕竟，我今年快二十五岁了。

毕竟，我也该去追求自己的梦想了。

我最爱的，是那些曾经和我朝夕相处的学生。最不舍得的，也是他们。

天下没有不散的筵席，以后还会有更好的老师陪着大家。

我一直觉得，成为一个好的教育者，不仅要让学生学到东西，更要以身作则，不能把钱放在第一位，否则，一个老师是讲不好课的。

在新东方的最后一年，我陷入了最让人反感的"政治"斗争中。有时候一个人再聪明，人在江湖也身不由己。如今，也不怕得罪个别领导了，说句心里话吧，学生都不傻，把挣钱放在第一位，不去跟学生交流，不问学生的需求，怎么可能讲出让学生满意的课呢？

其实当老师是一件很幸福的事情，备好课，让学生学到东西，从而能得到他们的认可，然后得到该有的回报。至少这四年，我很享受这段单纯的旅程。路上，我认识了一些好朋友，经历了一些难得的事，虽然很难忘，但我依然要和你们说再见，愿我们都能越来越好。

梦想起程的路上，无论我会不会迷茫、今后会在何方，后面的日子，我还会和尹延、石雷鹏老师关注在线教育，我们成立的"名师天团"希望能不受平台限制，帮助更多需要我们的学生。与此同时，我离自己的电影梦想也越来越近了，或许从未远过。

生活就是如此，若不一步步走，永远看不到曙光。

好吧，启程了。

我一直在，陪着大家。

爱你们。

无论在哪儿,请保持可以随时离开的能力

我认识的一个女孩子,上了一所一般的大学,学习的是播音主持专业。

别说一般大学了,就算是中国传媒大学,学习播音主持,要是专业不过硬,也很难进电视台工作。

幸运的是,她得到了一个实习的机会。虽然只是实习,但小姑娘很努力,认真处理同事关系,扫地、端茶、倒水等杂事全部承包了,大家看在眼里记在心里。幸运的是,她人际关系处理得很好,很快就正式入职了。

她开心了几天,生活马上回归到平静,她每天早上七点挤公交打卡,到了就不停地开会,领导面无表情的讲话让她困到掐自己大腿。她时常坐在电脑边无所事事地看着屏幕,偶尔上一下淘宝还要看周围同事的眼神。

一周出去采访出镜的时间很少,她说,自己喜欢这样,哪怕累点,也不希望太闲。

毕竟,这是她当时来这里的初衷。

可是,人终究是懒的。久而久之,她也不喜欢跑动了,每次出去采访,她也学会了跟同事一样怨天尤人;从此她也慢慢地懈怠了下来。

那天我们聊天,她告诉我,两年了,她的专业技能不但没有进步,反倒退步了。

我问,为什么?

她说,闲的呗。

我说,有进步的方面吗?

她说,也有,处理人际关系的能力强了点。

我说,那也是进步啊,你要知道,在哪里都逃不过人际关系。哪怕像我们这样的创业人士。

她说,你知道我最讨厌的就是这样,那天主任讲了一个笑话,明明很无聊,但所有人都跟着笑,我仔细看了看我旁边那个男的,他明明不开心,却强挤出一丝微笑,真恶心。

我问,你也笑了吧?

她低下了头,说,这就是我讨厌这个地方的原因,我的价值观和周围人的完全不一样,还要假装一样。

其实,无论是所谓稳定工作还是自由的职业环境,人脉都是无法逃避的,即使你是个自由职业者,不会说话依旧会被人讨厌,不会做事依旧会被人嫌弃。

她说,早知道稳定是这样,我宁愿晚几年要。我现在不知道要不要辞职,毕竟如果现在不辞职,万一到了三十多岁有了孩子,想变动都难了。

我没说话,不知道如何劝她,虽然我知道现在辞职一定意味着一些遗憾,可劝她不辞职会不会被她一巴掌拍死?

某天晚上,我还是给她发了一条微信:真正的勇者不是狼狈地逃脱,而是用闲暇时间,磨炼自己。

许久,她回我:我要找你喝酒。

晚上,在一家安静的酒吧,我跟她分享了一个故事:

不久前,就在《你所谓的稳定,不过是在浪费生命》传遍了朋友圈后,我怕那个回京名额被顶掉的朋友 D 的生活受到影响,于是,急忙给他打了一个电话。

我问他,最近怎么样?

幸运的是,他已经不用微信很久了。

后来才知道,梦想破灭后,他并没有像其他人一样不停地抱怨、指责,甚至要求离开;反之,他报考了中级口译证书和注册会计师。

他关了手机,除了每天和父母打打电话或和朋友聊聊,剩下的空闲时间全部投入了学习、工作中。他立志磨出一技之长,他的坚持逐渐让他看到希望。

你想知道结果是什么吗？

他考上了注册会计师，高分通过口译，因为成绩优秀，很快被北京的一个单位录用。他本默默无闻，甚至在学习过程中得罪了很多领导。有趣的是，当北京要人的时候，单位领导忽然发现自己单位还有个这样的宝，一定要让他留下。

电话里，他笑着告诉我，现在，他正在纠结要不要回北京。

我说，必须回来啊，我们都等着呢。

他说，可是这里给的待遇更好啊。

我笑得很开心，一年前，他无法主宰自己的命运，社会关系错综复杂，一不留神命运让他摔了一个跟头。可正因为他没有退缩，即使在体制内工作，他依旧保持了学习的能力，保持了每天进步的状态，保持了即使离开依旧能生活得很好的力量。

几天前，他给我发了一条微信，告诉了我一个道理。体制内有两种生活方式：第一种，靠人际关系活着，这样的人，需要游刃有余，可他的升官发财是跟人脉和领导的决定息息相关的，你要遇到个好领导还好说，要是遇到个差一些的领导，你就算有天大的本事也要顾忌领导；第二种，靠自己的能力，在哪里都是螺丝钉，像U盘一样，插到哪个主机都能运转，这样的人，他的前途命运只和自己的专业技能息息相关，只要人脉不那么差，活得大体还是很自由的。

他笑着说，哥现在就是这样的人。

的确，当那所谓的稳定破碎后，留下的只会是悲剧。

体制内，依旧有许多努力向上的人，他们不满于现状，抓住一切向上的机会，那些人，牢笼困不住他们，那些别人看来的稳固围墙，只是给他们提供保障的家。

曾听过济南的一个市长讲过一句话：体制内的人，要保持随时离开体制的能力。

这句话不是让你随时离开体制；相反，而是让你在安稳的生活下依旧努力进步。你已经有了安稳，不代表着你可以懈怠，你更应该自觉去进步。很多所谓的稳定不过是温水煮青蛙，只有每天进步的生活才是稳定的。别相信领导给你的承诺，更别相信体制给你的保证，生活是自己的，自己都不求进取，凭什么让别人给你美好的未来？

后来，小姑娘的生活态度发生了巨大改变，她还是会经常跟同事们嘻嘻哈哈，即使皮笑肉不笑；她依旧会定期给领导发发短信，表达着不走心的祝福。有意思的是，她开始利用每天下班后的时间奋斗了。

她自己开了一档节目，晚上给大家读文章，发到微信公众号上，做起了自媒体。

她报考了主持人资格考试，闲暇时间，她找了公司附近的一所学校，每天跟一群孩子一起在自习室看书复习。每天从图书馆回到家，还坚持看半个小时的杂书。

现在，她的微信公众号也有一万多人关注了。

她说自己要做成百万大号，就在10月，她通过了主持人资格考试，成绩理想，顺利通过。

那天，我看到了她的朋友圈，写着《肖申克的救赎》里面的那句名言："Some birds are not meant to be caged, their feathers are just too bright！（有些鸟儿是永远关不住的，因为它们的每一片羽翼上都沾满了自由的光辉！）"

的确，对于那些每天都在努力的人，体制内和体制外的选择，重要吗？

后来，她的很多朋友都离职了，她因为能力强，升职速度很快。她笑着告诉我，辞职前他们不会做的事情，辞职后，他们也没有去做。

他们每天依旧朝九晚五，叫嚣着"世界很大，我想出去看看"，抱怨着工作累没保障。唉，生活变了，人没变而已。

的确，生活是自己过的，无论在哪儿，你总应该有一颗热血的心。

你要知道，很多你无法解决的问题，不是通过辞职就能解决的。让自己具备独立生活的能力，具备一技之长的资本，是需要无数个夜晚的静思，无数寂寞时光的堆积而成的。

所以，别抱怨身边的不公，别后悔自己选择的"牢笼"，别痛恨自己身上的枷锁,只要你还在进步,枷锁只会变成翅膀,牢笼只会变成家。

每一分努力,都在夯实梦想的道路

前不久,《我看你有戏》中,北影的保安火了。

在这个圈子混了几年,给我印象最深刻的,不是什么大明星大导演,而是这些和我们一样,为了电影梦默默付出的人。

虽然很多明星也是从路人甲奋斗出来的,但当光环变得闪亮,那些曾经追梦的步伐也就慢了下来。

其实人都一样,成长后,反倒懒了,怀念起一无所有的日子,只觉得离自己好远。

我刚认识 D 的时候,是我自己的电影《断梦人》开拍前。

那时投资确定,剧本完成,场景定格,就差选演员了。

我们在传媒大学开始了招聘演员面试。他上台的时候,并没有给任何人留下太深刻的印象。他长得很一般,怎么当演员?

他斜背了一个军用的挎包,眼睛睁得大大的,就这么看着我们,然后嘴角上扬,笑着说,你们好,我叫 D。

面试题上说,假设您的父母不让您选表演专业,让您学医,您可以自拟台词,自设动作,一分钟即兴表演。

其实,在他之前,我们已经看了很多人千篇一律的表演,然后再看了眼他的长相,并没有抱太大的希望。

可是一分钟后,他征服了我们所有人。他忽然跪在地上,眼睛瞪得大大的,嘴角露出悲伤,泪腺打开,眼泪哗哗流下。

他只说了一个字:爸……

那一刻,我们集体投票,男一号就选他了。

制片方看了他的照片,问,这样行吗?

我说,放心吧,包在我身上。

开机的第一天,我们遭遇了前所未有的麻烦,进度一直非常慢。我们从晚上六点,拍到了第二天凌晨四点多。

第一缕阳光已经照到了大地,零零星星的路人匆忙地走在北京的大街小巷。团队里的所有人红着双眼,录音师拿着小蜜蜂发呆,摄像师扛着架子快打起呼噜了,执行导演疲倦地看着监视器。我看着他们,心里很不是滋味。

这帮兄弟因为多次合作,以后还会继续,赔罪的机会有的是,可是这些演员呢,或许以后再也不会合作了,第一天,就要让他们这么辛苦。

我猛地回头看到了不远处的 D，他竟然还在拿着台词小声朗诵着，眼睛睁得大大的，铿锵有力地比画着接下来的那场戏，没有丝毫的困意。

D 信佛，不吃肉，第一天我们剧组拿的盒饭里有肉，他一点也没吃。但他并没有告诉我们真正的原因，只是告诉我们他不饿，可到了凌晨，依旧没有看到他表现出饿的样子，这货还在神采奕奕地看着剧本。似乎，戏里的他，才是真正活着的。

后来我才明白，梦想就是他的粮食，演戏就是他的氧气。

沉迷于自己喜欢的事情，人当然不会饿，只会疯。

我们的剧组里，有很多漂亮的女孩子，其实每一个剧组里面都会有漂亮的女孩子，尤其是演员组。所以，每次休息的时候，漂亮的女孩子都是被大家包围的对象，男人们在她们身边，总是叽叽喳喳个不停。

另几个演员每次在休息时都会去找女孩子咋咋呼呼，可在角落里，每每都是 D，一个人默默地拿着台词，为下一场做准备。

他似乎就是为戏而活，其余的，无欲无求。

有时候，我走过去拍着他的肩膀，说，休息一下吧。

他笑着告诉我，没事，下一场戏的台词还没怎么看。

我递过一瓶水，笑着离开。

每场戏，D总能一遍过，而且是找不到瑕疵地通过。

偶尔 NG 的时候，也仅仅是因为对手没有入戏被迫重来。

他经常来找我，说，导演，这里我演得有点不好，能不能再来一遍。

甚至跟我说，我有好几种演法，你要哪一种？

每次回家的路上，我们都惊叹于 D 的演技，还记得那场在医院的戏，角色的父亲离世，他跪下的刹那，感动了现场所有的人。

当导演喊出 action 的时候，D 似乎就变成了电影中的那个角色，没人注意到他的努力，好像他天生就会演戏一样。

他是一个纯粹的演员，是一个努力的人。

这个圈子里，最光鲜亮丽的，是演员，可是谁也不知道，最苦的，还是演员。

记得有一天，剧本需要演员跳进湖里救猫。我见过很多演员，他们只愿意演对话场景，只愿意演卿卿我我的戏，不愿意演打戏，更不愿意玩这些"杂技"，因为容易受伤。

于是导演组开始考虑能不能不让 D 跳进水里，拿声效代替跳水，切换其他的场景。

D 走过来，坚定地跟我说，水是必须跳的，因为这样更真实一些。于是，就有了戏里那段他跳进湖里救猫的片段。

杀青那天，我们在酒吧喝得酩酊大醉，他提前告别。

我问他为什么走得那么急。

他说，他还接了另一部话剧，要早点回去看剧本，怕晚了没公交了。我陪他走到车站，和他简单聊了一会儿。

他跟我说，能拍这样一部电影很愉快。

我对他说，我也很开心能和他合作。

他说，我写了一个剧本，想给你看看。

我说，好的，那我陪你走走。

路上，他告诉我，他每次坐公交去大望路，然后和别人拼车回燕郊，这样只用十块钱。

我才知道，他住在燕郊的一个出租单间中，和别人合租，小房间只够放下一张床。

而我们很多戏都要求九点到南五环的大兴拍摄，这对他来说，要绕过大半个北京到达目的地。我不敢想象他要起多早才能保证每天不迟到。

想到这里，我鼻子发酸。

送他离开后，我认真地说了一句，谢谢。

他眼睛睁得大大的，傻笑了一声离开了。

北京的路灯把他离开的背影照得很亮，像是舞台的灯光，把这个来北京打拼的过客聚焦于这座城市的正中央。

随后的日子，因为忙于出国深造，逐渐地，我有些脱离了电影圈，很多剧本压在电脑的硬盘里没有变成电影。我推掉了很多拍戏的机会，推掉了很多写电影的邀约。

日子就像发条一样，与麻木的我擦肩而过。

前几天，我收到了D的短信，他问我，要不要去看他的新戏。我才知道，他加入了陈佩斯的团队，开始了话剧《闹洞房》的表演。我拿到他的票时，已经快一年没有见到他了，他依旧睁着大大的眼睛，上扬的嘴角，只是头发剪了。

他匆忙地送来了票，然后喘着粗气说，不好意思兄弟，正在排练。

我问，你排练多久了？

他说，都三十多天了，一直在这里住着。

我笑着接过票，说，快去排练吧，首演成功啊！

首演那天，我们买了两束鲜花，期待地坐在前排，希望能看到他久违的表演。

可是，直到第一幕结束后，他依旧没有出场。

很快，在第二幕的一个矛盾点后，他出场了，他瞪着大大的眼睛，上扬着嘴角，笑得古灵精怪，演得逼真有趣。能看出，他还是那样，在台上时那么忘我，每一个眼神都和角色融在一起。他没有变，还是那个纯粹的演员。

直到表演结束，我才知道，他不是男一号，但他的表演，却格外地耀眼。我起立鼓掌，热泪盈眶，忽然想到他辛苦排练的几个月，只是为了一个配角，这些努力，都只是为了让这个配角更加完美，只是为了让整部戏得到观众的认可。

话剧结束后,我没有打扰他,给他发了一条短信就离开了。因为我知道,不用打扰,等大家散场后他还会回到舞台上继续训练,等整部戏结束他还会有其他的戏,会有更大的舞台,会更加努力地过每一天,会成为一个纯粹的演员。

有一些人,他的青春都是在路上度过的,他们或许看起来很累,但是他们充实着、幸福着。老天爱勤奋的孩子。

此后,我在话剧场上频繁地看到他,他主演的《等待戈多》被搬上大银幕,很多导演都在夸他。

曾经有人问过黄金配角吴孟达,说你总在周星驰的光环下,你怎么想。

他笑笑说,既然没法成为主角,就要成为最好的配角。

D还在打拼,为成为一个纯粹的演员努力地打拼着。

其实在北京,有很多这样的北漂,他们用自己的努力和勤奋去证明着自己的执着。

没人保证他们一定会成为王宝强,没人确定他们一定会成为大鹏。但是他们用自己的青春书写着自己的历史,用自己的汗水滋润着自己的未来。

这些人,永远是自己生活的主角,永远是自己生活的导演。

他们虽然平凡,但是从不平庸,他们为自己的未来慢慢地走着,虽然很慢,但走得踏实。

很幸运，我们都一样，那么固执地相信靠自己的努力能改变命运，那么单纯地相信靠自己的双手能创造美好。放心吧，这一路，谁也不会掉队，谁也不会迷失。

那么，愿那些单纯又努力的人，都能越走越远吧。

你总能做点事情，让世界变得更好

在北京打拼的前几年，我住在中关村。

住在那里的原因很简单，附近都是学校，学生都是纯洁可爱的，没事干可以去学校听听讲座，闲下来能在校园里走走。一天劳累后，还能看看校园里漫步的情侣，也是幸福的。

其实，之所以选在大学城，在心里还有个阴暗的小角落：每次路过人大西门或五道口时，总有人推着车卖满满的盗版书，周围围着各种各样的年轻人。

我酷爱读书，每次路过盗版书摊，都会看好半天，研究一下最近出了哪些新书。

那时，一本书卖十块钱，我总会买个十本，这样能打折到七十块。

我姐刚从美国回来，知道版权的重要性，她跑来问我，你这样总是买盗版书，长远来看，对中国版权是危害大大的。

我说，我一小小蚂蚁，买两本书而已，那些作者都有钱着呢，何况，大家都在买啊。我怎么会对世界危害大大的。

姐摇了摇头，说，那等你看完借给我看。

后面的事情，你一定能猜到。

出来混，迟早都是要还的。

几年后，我的第一本书承蒙大家喜爱，写得还算接地气，两个月销量瞬间突破二十万册，成为出版界的一匹黑马。

那天我去人大见朋友，从西门进，又看到了盗版书摊，几个人围着在看。瞬间，我看到了一个红白相间的书皮，书皮上写着《你只是看起来很努力》。

我惊讶了，这不是我的书吗？

我翻了几页，除了有几个印刷错误，其他几乎和正版一样。

我急忙说，你这是盗版吧，你怎么能卖盗版书呢？

那人很不服气，竟然说，你叫嚣什么啊，现在谁还看正版书啊……

好熟悉的对话。

他继续说，放心吧，这些作者可有钱了……

他继续招呼着路人买书，而我穿着几年前的破衣服摇曳在风中，电动车停在一旁，想着他那句"作者可有钱了"，久久不能自拔。

忽然，旁边一个女孩子说，同学，放心吧，你我都是一只小蚂蚁，买一本盗版书对这个世界是没影响的。

你才是小蚂蚁，你全家都是小蚂蚁。

你总以为这些事情和你无关，直到这些事情发生到了你的头上，才发现别人的沉默多么可怕，因为这些东西和他们也无关。

在成为作者之前，我也以为作者是有钱的，尤其是看到很多作家一个个都富得流油，就猜测原来出书这么赚钱。

后来才知道，每卖出去一本，作者也就能赚两块钱，对了，还是税前。

一本书超过几万册，马上可以称为畅销书。别着急开心，接下来，盗版立刻出来了，电子书再分流一部分，你看完了还能借给朋友看，送给哥们儿当礼物。作者可能还会被出版公司拖稿费、瞒数据，痛不欲生。他们不停地码字，有些人却连温饱都解决不了，码的是情怀，码的是青春。

所以你知道，为什么一个作者要有那么多其他头衔了吧，很简单，因为光靠写作，无法为生。

我曾经问过一个作者，他写了三本书，没有一本卖得好。我问他，没钱还写什么？

他说，你知道当你听到有个人说"我看过你写的那篇文章，改变了我好多好多"那种感觉吗？

的确，那些写作，都是情怀，都是梦想。

很多作者之所以胖，是因为他们很少运动，一坐就是一天。

那天回家，我买了所有之前买过的盗版书的原版，花了几千块，只是为了向这些人致敬，弥补过去犯过的错，并发誓从此一定不再去潜移默化地支持盗版。

你以为自己是只小蚂蚁，却不知道，你不是蚂蚁，是白蚁。可如果人人都是白蚁，创新和创造将会被啃噬到虚无。

曾经见过一个畅销书作家，他告诉我，自己已经很久没有动笔了。

我问他为什么，他说，这本书是我写了三本之后终于成功的，卖得很好。可是盗版疯狂，直接冲击了出版社的印量；后来，网上免费的TXT版本也很快出来了，被疯狂下载。最搞笑的是，大量传播很广的文字，被各大营销号改了作者姓名，仅仅变成了他们的流量。你知道吗？写作者最后的荣耀也没了。

我问，后来呢？

他说，后来，我就不写作了。

同桌吃饭的一个朋友说，你写书不就是为了让更多人看到吗？署名、稿费，这些又有什么重要的呢？你的思想传达了不就好了？

他说，那是因为这事没有发生到你头上，当发生在你头上的刹那，你才会知道被尊重重不重要。

我没有谴责那个人，因为几年前，我买了这位作者的一本盗版书。

我告诉过他，自己喜欢他的文字和思想，不幸的是，可能以后再也看不到他的文字了。

有时候会想，如果当时，我没有买盗版书，是不是盗版书商就少了一点动力继续生产下去？

如果我制止了身边的人买盗版，世界是不是会好一点？至少，他会不会继续写下去？

后来，我见过了很多放弃梦想的音乐人，放弃理想的电影人，原因很简单，原创不被尊重。

音乐人写的歌曲被人廉价地使用，电影人写的剧本连名字都不给署。当他们维权的时候，得到的回复很简单：用你的已经是给你面子了。

很难过，但这就是社会上最大的问题。

有很多国家的创新能力非常强，原因很简单，他们注重版权保护。

我曾见过《男人来自火星，女人来自金星》的作者约翰·格雷（John Gray），他靠着这本书，能体面地养活自己一辈子。他曾在讲座里说，当我没有温饱问题缠身时，才能有更好的创作氛围。

对原创的保护，美国超过全世界很多国家。这也是为什么他们有苹果、微软、脸书。

在美国，如果遇到了剽窃抄袭，或许剽窃者这辈子就和这个行业告别了。

讲一个故事。

一个朋友拍摄了一部关于西藏的短片放在了网上，点击量几天后过千万。几个月后,他接到了一个外国电影剧组的电话,电话那头的人轻声礼貌地说,您好,我们想用您拍摄的视频的一部分,我们花了很多工夫找到了您。不知道您是否方便授权给我们,我们会支付您一笔费用。

朋友震惊于这种表达方式,因为之前从来没有人给过他这样的待遇和礼貌。

他说,好啊。

几天后,剧组的制片人竟然带着合同来到了他住的地方。

又过了几天,他收到了三万美元,仅仅用了他十八秒的镜头。

你知道他现在在哪儿吗?他用这笔钱当作路费,去了北极,去拍摄极光。很快,这部作品会跟大家分享。

对比我们,忽然想起前段时间闹得沸沸扬扬的某电视台抄袭问题,一个姓王的摄影师,因为自己拍摄的东西被电视台盗用,打电话抗议。却没想到,那边接电话的人说,电视台用你的东西你有意见吗?

公众因为电视台的言行爆炸,忽然纷纷支持原创,讨伐这种抄袭行为,最后,好在电视台给出了回应。

这些年,我们对版权的态度和对原创的尊重是在进步的。

我想再分享一个故事。黄东赫导演根据韩国小说《熔炉》拍摄的同名电影一经上映,在韩国引起轩然大波。

光州，距首尔约四个小时车程，当地的一所私立听障学校以及下属特殊学校、庇护工厂、社会设施院是获政府补助又能向企业募款的社福法人单位，受《私立学校法》和当时现行《社会福祉事业法》的双重保护，经营自主，完全不受外界监督，已发展为家族式企业，高层皆为亲戚姻亲。

当一个机构不受市场影响，又长期见不得光，自然会越来越黑暗。很快，这所私立听障学校就和警察、政府勾结在一起。

那里的孩子，无论是男孩还是女孩，都受到不同程度的性侵犯。有些不从，甚至挨打致死。有些胆大的孩子去报警，却被警察送了回来遭受毒打。他们从小没有父母，都是孤儿，自然就没人疼没人理。

他们的遭遇被一个律师和一个医生知道了，他们坚定地要为孩子们争取权利，让坏人得到应有的惩罚。

他们自发组织了维权团体，一次又一次地上诉，奈何对方势力太强大，那位医生最后被暗杀。律师带着三个孩子，也身患重病，他们寻求媒体的帮助，寻求众人的帮助，日子就这么一天天地过去。

2005年，这是他们维权的第三个年头，最后法院认定四人受到司法审判，其中校长、总务主任一审分别被判5年、10个月，两名性侵老师分别被判2年。然而二审大逆转，校长、总务主任皆因没有前科且与被害者家属达成协议（挪用公款给予赔偿）而被判缓刑获释。

小人物，是不是永远都只是鸡蛋碰石头？但你是否想过，鸡蛋也可以孵出小鸡，然后跳过石头，看到明天的曙光。

2008年，女作家孔泳枝读到关于此事件的网络新闻后被深深触动，她前往光州，与受害学生相处数日，深入了解孩子们的受创心灵后，将该事件改编为小说，2008年底至2009年连载于网络，点击率超过1600万人次。瞬间，舆论哗然。

2010年，小说《熔炉》发行单行本，旋即大卖，据说韩国的街头，人手一本。同年，尚在服役中的男主角孔侑在部队读到这本书，深受震撼，他在部队就给自己的经纪人打电话，说自己一定要拍摄这部电影，并且自己要主演。

经纪公司看完剧本，立刻开始筹备。

2011年《熔炉》开拍，2011年9月，电影《熔炉》上映。很快，这部电影大获成功，因为有血有肉，很快火爆了朋友圈。中国随即出了字幕片，豆瓣打分高达9.1。

接下来，网络上出现要求重启调查的百万人签名活动，他们一致认为当时判处太轻，当事情的影响范围越来越大，当权部门也高度重视了起来。

《熔炉》上映第六天，光州警方组成专案小组重新侦办此案。重启调查后发现，现行性侵害防治法刑责太轻，性侵身障者处七年以上有期徒刑；性侵幼童处十年以上有期徒刑，可惜的是，公诉期七年，两名性侵教师已过追诉期。

接下来，网民要求提高性侵案量刑标准和废除追诉期。

光州警方提出因强奸致伤，公诉期延长到十年。同时，调查后14人涉嫌性侵，由于涉嫌性侵校长已过世，将由韩国政府负起连带责任，赔偿受害学生。

向光州身心障碍家庭问题咨询商议中心吐露受性侵的听障学生又从当年的12名增加到30多名。

电影上映第37天，韩国国会以207票赞成，1票弃权压倒性通过《性侵害防止修正案》，又名"熔炉法"。要点：性侵女身障者、不满十三岁幼童，最重可处无期徒刑；废除公诉期。加害者如任职于社会福利机构或特殊教育单位可加重处罚，新法于2012年7月实施。

同时催生"熔炉防治法"——《社会福祉事业法》修正案，确保社福机构经营公开透明并引入外部监督机制，目前尚在讨论中。

《熔炉》下档后一个月，光州私立听障学校被取消社会福祉许可证，学校被关闭，由光州政府接管，缴回韩币57亿元法人财产，用于身障者福利基金。

许多人认为这是电影的威力，而我觉得，是因为那个律师和医生不离不弃地奋斗，他们虽然是小小蚂蚁，但是他们永远相信公平公正会到来。

或许你也一样，在人生的低谷，或许你会觉得自己太渺小，很多事情无能为力，但不代表你不能做一点什么，千万别小看自己，你总能做些事情，让这个世界变得更好。

其实，每个人都在不同程度地改变着世界。

即使你很渺小，是一只小蚂蚁，也在某种程度上改变着世界，只要你还相信。

别觉得任何事情不会发生在你头上就可以不管，你很重要，这个世界，有你，会更好一些。

你是想帮助别人，还是想实现自我价值

天津爆炸案发生不久，成千上万的人都在关注。有些热情的志愿者组团甚至只身来到天津，只是为了奉献自己的一份力。其实每一次天灾人祸后，都会有这么一批人，他们用热情融化绝望的人，用希望点亮冰冷的心。比起那些整天坐在空调房里指指点点的键盘侠，他们，太值得让人尊敬。

朋友 N 出生在西藏，是典型的走南闯北的浪子，这些年去过汶川、玉树，都是在地震最严重的时候。他喜欢帮助别人，他说，只有那个时候，才更能体会生命的宝贵，才知道时间是最珍贵的东西。天津爆炸的当天，他二话没说，收拾了行囊，带了两箱水和物资，骑着自行车，跟我们告别。

临行前，我问 N，每次你去帮别人，最大的收获是什么？

N 说，是对生命的尊重。

我说，你考虑过自己的安危吗？

N说，我从小无依无靠，过够了形单影只的生活。能多帮助一个人，就帮助一个人吧。

N似乎喜欢生活中这样的挑战，或许，他喜欢的是帮助别人。这一次，因为京津高速被堵得一动不动，于是，N决定骑自行车出发。他带了帐篷和被子，备了两天的干粮和水，两个箱子放在后面他改装过的车座上。很快，他就投入了救灾的工作中。

当他到了天津，他的电话就再也打不通了。几次微信、短信留言给他，他那里依旧杳无音信。

幸运的是，几天后，N从天津回来了。自行车已经坏掉，他什么也没拿，什么也没带回来。政府给他买票让他坐火车到了家，回家当天，他倒头就睡，因为已经三天没有合眼了。他的话很少，不是为了炫耀，似乎很多故事，要沉淀很久，才能开口诉说。

几天后，我们见了面。

直到几杯酒下了肚，他才断断续续说了他亲眼看到的事情。他说的时候很平和，身临其境地讲述着许多救援的无奈，他说到了消防员的奋不顾身，聊到了当地居民的坚强，偶尔也会说到哪里的救灾不给力，然后骂上两句"奶奶的"。N不怎么会讲故事，他甚至不太愿意分享渲染那些天灾人祸背后的悲凉，他的故事都是断断续续的，要不是内容好，估计世界上不会有人愿意听他讲话。他或许也不愿意讲述，仿佛他的传播，只能给灾难笼罩上一层更深的阴影。

接着，另一个朋友 L 说，不瞒你们说，我也去了天津，想去帮忙来着，可是好不容易买了高铁票，都不让出站，后来买了一张票灰溜溜地又回来了。

我们哈哈大笑，觉得他在讲段子，我在一旁，以为他只是开个玩笑。

没想到的是，N 青筋暴出，借着酒劲儿大喊：是真的，是因为很多人过去，不是为了帮助别人，而是为了凸显自我价值。

我们愣住了，不知道发生了什么，只好静静地听着他讲述。

N 说，刚到天津的时候，别人不让他进受灾区，说他没有救援证。他说人命关天，多一个人帮助，就少一个悲剧。这个时候了，要什么救援证。

那人看了看他，让他进了。

很快，他跟着一个志愿者团，驻扎在一个轻灾区，负责给伤员引路以及解决交通问题，大爆炸已经炸坏了周围所有的红绿灯，交通一片混乱。N 所在的小组共十个人，都是外地的志愿者，那时医院人手不够，六个人都去护送伤员，只有四个人留下来，被分成了两组。其中一组两个人负责马路两侧的车辆，另外一组两个人负责护送伤员过马路。N 被分到了第一组，任务很简单：疏导交通，禁止大客车、大卡车通过，小轿车、私家车慢行。可意想不到的事情发生了，另外一个人竟然跟 N 说，真没想到来当志愿者竟然只体验了交警的职位。

N 说，什么意思？

那人说，我来就是想看看最真实的灾区，可以永生难忘，真没想到，让我来疏导交通，唉。

N 说，这也是在帮助人啊。

那人说，你看那几个小组，人家都是去重灾区救援，多有意思，这才不虚此行啊。

N 大惊，他说，你……难道不是为了帮助人才来的吗？

那人说，是啊。可是，这样多没意思。

N 摇摇头，说，你根本不是为了帮助别人，你是为了丰富自己的经历。

那人想了想，没有说话。但他继续不耐烦地拦着来往的车辆，其实不用多问，答案全部写在了他的脸上。

一天的劳累后，晚上，N 来到了天津站，出站口堆满了水和干粮，还有好多进不来的志愿者。因为人太多了，又怕有危险，这些志愿者都不再被允许进入灾区。很多所谓的志愿者脸上没有严肃的表情，反倒有一丝兴奋，甚至不少人带着照相机，扛着单反和镜头，似乎在想着拍点什么留念。

N 告诉我们，尚龙，你们知道吗？光每天来照顾这些志愿者，来劝志愿者回去，都要浪费很多人力。因为他们不知道如何救援，事实上就是来添乱。很多人是凭着一腔热情来到了灾区，却不知道如何下手帮助，从什么地方开始，想找个地方住，发现宾馆不是停业就是客满,想吃点东西,饭馆几乎全部不营业。他们自己的生活都无法自理,反倒成了被救助的对象。

他继续说,不是天津人不好客,也不是灾区群众不希望大家来帮忙,而是很多所谓的志愿者,本意并不是来帮忙,而是为了体验很刺激、没有经历过的生活,添乱就在所难免。当你把一件帮助别人的事情,变成了提升自己能力、增加自己阅历的事情,救援这件事的性质就彻底变了。

他说这话的时候,看起来很难过。不知道还发生了什么。

我认识他的时候,是在一次去西藏旅行的路上,那时玉树刚发生地震不久,N刚参加完玉树救灾。他当过两年兵,父母早就不在世了,用他自己的话说,他不愿意看到比他还惨的人,几年后他来到北京,以开出租车为生。他告诉我们一行人,救灾不像自己想象的那么简单,玉树地震时,他做了很多准备,在网上查了很多资料,问了不少去过的人才出发。他以为一切准备就绪,但几天后,他还是痛苦地离开了,那一路,他见证了太多的永别和泪水,最终,他崩溃了。他说,我从来没有想过是出于这个原因离开。帮助别人,不是一件容易的事情,要想清楚到底是为了帮助别人,还是为了成就自己。

忽然想起了自己身上发生的一个真实的故事。

那年我们跟北大合作,创立了一个免费的英语培训机构,我们知道英语培训的市场很乱,大多数穷学生没资源学习英语,一节课的钱可能会让他们一个月不吃晚饭。英语老师漫天要价，培训机构价格弹性强。于是，我们找了几个老师，搞起了免费学英语的课程，我们的人很快就越来越多，一个班能超过一百人。为了让更多人加入进来，我们决定不在北京发展，一定要去二、三线城市，或者更远的地方，因为那里更需要我们。

当我站在讲台上，我喜欢下面很多人在听我讲课的感觉。其实，对刚当老师的我来说，最喜欢的根本不是传授知识，而是自我的成就感，这种感觉超越了一切。

我产生的幻觉告诉我，我的职业太伟大，我要去人民需要我的地方！

那年，我们去了河南信阳的一个小县，叫光山，地方偏僻，学校周围不是鸡打鸣就是猪乱跑。那个学校的校长知道我们是来自北京的老师，热情地接待了我们，并且告诉我们，孩子们很开心。

校长问我们，你们准备支教多久？

我说，大概两周。

校长的脸色变了，当知道我们大多数老师都还是在校大学生时，他冷冷地说了一句话：你们来了，告诉孩子们外面的世界很精彩，两周后你们走了，让孩子们怎么办？

这种感觉就是在告诉一群不会走路的孩子，山上有好吃的水果，却没有人陪着他们锻炼爬山的本领。我开开心心地走了，孩子们只是增加了烦恼而已。那么，问题来了，这种支教，到底是实现了自己，还是帮助了别人?

校长说,我们很希望你们来,但是,至少待够两年,陪着一个班的孩子毕业吧。

没有人说话,因为我清楚地知道,至少我自己没有这样的魄力。

我们第二天灰溜溜地坐火车回了北京,不到一个月,这个公益组织解散。在此之后,我见过很多公益组织经历了破产、解散和颠沛流离。忽然明白,在你决定做公益帮助别人的时候,如果自己都没有足够的收入,都没有富足的资本,都没有度过生存期,所有的公益,都只能是打着帮助别人的幌子,实现自己的价值而已。这样仅凭热血的付出,到头来,除了一段记忆,什么也不会留下。

悲剧,无论是天灾还是人祸,都是一方有难,八方支援。天津爆炸那天,我坐在办公室里久久不能平静。边上的同事是天津人,眼泪吧嗒吧嗒地掉在键盘上,因为父母已经一天没有了联系。

他告诉我,要请假回家。

我点头。

旁边的兄弟小声地问我,按你的脾气怎么没跟着去救灾?

我没说话,取了一些钱,给了天津同事,说,我不知道捐给谁,但是我能捐给你,因为此时此刻,你应该需要我们的帮助。

同事拿走了钱,哭着说了一声谢谢。

我什么也没说,默默地祈福。

其实每个人都能改变世界，虽然你不够强大，但当每个人的爱心被连接在一起时，就能让这个世界变得足够温暖。一根蜡烛的光，也就只能照亮一间房子而已，倘若要用它点亮一个广场，就只能用它来点燃广场周围的树木。当以蜡烛之力点燃树木以照亮整个广场时，你说这根蜡烛是为了照亮别人，还是为了凸显自己炽热的光？

死者安息，生者勿扰。

让自己有底气，与世界平等对话

我住在北京外国人最多的东直门，因为周围都是大使馆，不远处是夜生活中心三里屯，外国人时常在这附近游荡。我从事英语教学多年，认识的外国人不少。去过很多国家，尤其是西方国家，这些年，对于西方国家的文化和语言，我一直抱着一个学习的态度，直到这些故事发生，我才忽然意识到，我们给了老外太多太多。

我的朋友乔毕业于名牌大学的英语专业，从小品学兼优，专四优秀，专八高分，获国家级奖学金。唯一不足的是家里条件不好，没法供她出国留学。你要知道，一个英语好的人，如果因为家境不好无法出国留学，非常地无奈。

无奈之下，乔找了个老外。

老外叫约翰，四十出头，话不多，不笑的时候文质彬彬，笑起来傻傻的。他们走在大街上，总会让我很不舒服。女孩子高挑性感，男人大腹便便。

乔跟我说，他是美国人，家里挺有钱，我准备跟他结婚，这样就能圆我的美国梦了。

爱情是不分国界的，甚至能不分种族，别人的感情，和我有什么关系呢。我除了说恭喜，不知道该说什么。

一年后，乔和老外分手了。

乔苦笑着说，跟了他一年，才知道他有老婆。

我无语。

她继续说，他是外派到中国的，在大使馆工作，在洛杉矶早就结了婚，来中国守口如瓶。他来中国三年，我是他在中国的不知道第几个女朋友，你说现在的女孩子怎么都这么作，非要跟疯子似的往外国男人身上扑。

我说，你不就是作死的其中之一吗？

她说，我只要跟他说去美国发展，他就含糊其词，最后被逼急了，居然告诉我他早就结婚了，还给我看了他老婆的照片。

她说着说着，竟然哭了。

我有点生气，说，你自己作死，有什么好哭的？

她说，你不知道，我跟我妈说找了个老外，我妈可开心了。可我根本不喜欢他，只是为了用这种方式去美国实现美国梦。我不知道去美国后会怎么样，但是我父母无知，他们认为国外的一定是好的，却从没问过我的想法。

她哭得很伤心，我却无言以对。我不能透露乔是谁，因为这样一段故事真的不那么光彩，爱情本来是互相来电的产物，怎么能变成交易的砝码？可是，乔的例子，不是特例。

另一个女孩子Lucy（露西）是我以前的学生，她兴高采烈地告诉我，她找到了一个老外。接着，她在朋友圈发了他们的合影。

我问她，你干吗找个老外？

我以为她会说我爱他他爱我之类的，没想到她说，你不觉得高端大气上档次吗？

我无法理解。

我的朋友里，还有为了快速提升考研英语分数去找老外的，奇葩的世界奇葩多，也不关我的事，没什么好评价的。

Lucy和老外开始恋爱后，他平时几乎不和Lucy打电话发短信，只是夜晚去酒吧、开房的时候给她打电话叫她出来。

Lucy觉得，这可能是文化的差异。

吃饭的时候，男生从不请客，他们AA制，有时候甚至是Lucy请客。

Lucy觉得，没关系，文化的差异。

Lucy难过时，打电话找不到他；Lucy需要人陪时，他在看球；甚至Lucy"大姨妈"来了肚子疼到打滚，他还在酒吧和一群朋友狂欢。

哦，没关系，这也是文化差异。

Lucy 打电话给我讲了这些事情，问我，他们这是什么文化，差异这么大。

我淡淡地说，这是去年买了个表的文化。

几天后，老外换电话了，Lucy 再也找不到他了。

我告诉 Lucy，有这样一个外国人群体，他们在本国找不到工作，凭借外国人的长相和语言优势来到中国就莫名其妙变成所谓的"精英"。

我不否认有很多优秀的外国人才在中国，他们甚至在为中国的发展做着贡献，我更相信跨国爱情中有许多美好的结局，他们生出了混血可爱的小宝宝，过着幸福的生活。

但是，也有很多很多结了婚的中国女人在外国过着寂寞、孤单、思乡的生活。所以在你决定嫁给外国人时，一定要确定：他爱你，就像你爱他一样。

可能你结婚只是为了移民，过上所谓更好的生活。但我依旧想让你确定三件事：一、他到底有没有钱？二、他到底愿不愿意回国？三、他到底愿不愿意跟你结婚？

我们给了外国人太多东西，导致他们很多无耻行为都有了合理的解释。

那年坊间有传言说有关部门要取消四六级考试，有人问我意见，我举起双手赞同，虽然这样做最后的结局会让我少很多收入。

　　我学了这么多年英语，见过很多这样的人：他们用最美好的时光去学习英语，虽然小有成就，但每次看到一个要饭的外国人都能说出比自己流利的英语时，如果没一个好心态，能不崇拜别人吗？能不鄙视自己吗？

　　英语本来就应该和体育、音乐、舞蹈一样，是一个特长，有兴趣的人学习就好，何必每个人都要疯子似的当成必修课？

　　的确，我们给了外国人太多太多。

　　我还记得在新东方发生的一件事。早上七点半，所有老师在水清校区门口等班车，去郊区给学生上课。

　　因为九点开课，早高峰交通状况恐怖，老师们固然要提前很久不能迟到。

　　那天，到了七点四十，司机依旧没发车，因为还有一个外教没到。

　　又过了很久，那个外教才姗姗来迟，他一身酒气双眼蒙眬，显然昨天去夜店喝了酒。上车他就用英语抱怨不是说好了在下个路口集合，我在那里等了半天。

　　司机是粗人，听不懂英语，但是听得懂语气，直接回复一句：你迟到了知道吗？

　　司机关门，那人依旧絮絮叨叨，他一边祥林嫂一样地讲话，一边拿出一个带着味道的瓶子对着车里喷起来。忽然，车里的老师们都怒了。车里的老师都懂英语，却没人制止这样奇怪的行为，任凭他继续撒野。

你知道吗？我们真的对外国人太好了。

最终，司机忍不住了，他把车停下来，骂骂咧咧地开了门大骂：给我滚下去。

老外被骂得稀里糊涂，司机已经把他拖了下去，他站在五环边上，呆若木鸡地不知道发生了什么。

车走了，留下他一个人在吸着尾气。

后来我又在校区见过他很多次，每一次他都提前半个小时来等班车，乖了很多。

的确，老外也是人，他们有时候过于嚣张，只是因为我们给了外国人太多的东西。

我们还在不停进步成长的过程中，确实应该向外国人学习很多东西，那些困扰我们的糟粕应该早早地丢掉。

可是，任何事情都不能极端地畸形走下去，别人有的，不一定都是好的，学我们需要的，更别让那些国外的糟粕蔓延到我们头上。

别惯着那些坏习惯，即使他们是外国人，该发飙就发飙，该修理就修理。我们欢迎那些友善奋斗的外国友人，不欢迎那些破坏寄生的"白色垃圾"。

我不是在渲染民族主义情绪，只是希望这一篇文字，能给你更多的视角，去看我们身边的老外，去看这几年那些变质的外国人和中国人的关系，去从另一个角度看看外面的世界。

心跳驱走寒冷，微笑传递温暖

当老师的第一年，我几乎每天都上十个小时的课，那段时间是考研高峰期，学生疯狂，老师也疯狂，学生能早上五点起来吹着冷风占座，老师就能早上六点蓬头垢面来上课。我的性格很容易被人影响，身边都是正能量的疯子，我自然也就拼了命。那时每天上十个小时课，不修边幅，连一日三餐都不能保证，不是没时间吃，而是我不想吃，适当的饥饿能保持大脑供血充足，课堂效率更高。偶尔趁课间喝一杯咖啡吃一块巧克力，一天基本上就够了。那个时候人很麻木，不管自己的生活质量好不好，只知道把课上好，不能耽误孩子们的未来。一个班结束另一个班接上，一个学生离开另一个学生愁眉苦脸走过来。

那天晚上，我已经累到极限，连续的奋战加上没有吃午饭，完全靠着精神去撑着。下一节课，是小郭的一对一，小郭笑嘻嘻地走进教室，好像藏着什么，慢慢地拿出一个盒子，盒子里面装着她自己炖的牛肉，她告诉我，龙哥，别太拼了，尝尝。

那一刻我眼泪都快飙出来了，人最怕的，不是亲人关心你，因为人潜意识会认为陌生人不会对你好，可当陌生人忽然拿着一支蜡烛走进你心里，感动就会爆棚。

我淡淡地说了句谢谢，边上课边吃完了牛肉。

之后，每次两个小时小郭的课，我都会超过两个小时，把题一道一道讲给她听，她记笔记很认真，时常问我，干吗总是拖堂？我说，把我吃你大餐的时间减去啊。人心是肉长的，没人是铁打的，当被人莫名其妙地温暖后，总会用同等温度或者是更高的温度去温暖对方。其实我吃饭也就几分钟，但多上的时间往往超过半个小时。

后来的日子，我经常会鼓励她继续努力。其实一个善良的姑娘，正能量一般都像是与生俱来的。她很刻苦，每天早上五点半起床去图书馆占座，累了就跑步听歌，题目刷了一遍又一遍，偶尔开机就是给我打电话问问题。

第二年，小郭以高分考上她理想的学校，她请我吃大排档。我说，你当时怎么想到要给我炖牛肉的？是不是故意想感动我让我每节课给你多讲点？

小郭笑了笑说，没有，龙哥，我只是觉得你虽然是个老师，但也需要温暖。你那么好的人，值得这世界的温暖。

我嘴上说，原来你是可怜我啊。

可说完，眼角的泪就不停地打转。那天喝了很多，说是庆功，却是感激。忽然明白，大城市的灯光，时常会拉远彼此的距离；都市的繁华，也总会让人和人逐渐冷漠；社交软件的出现方便了交流，却增加了交流成本，拉远了心的距离。可是，一个不经意的微笑、一个没意识的弯腰、一段温暖的对白，就能照亮彼此的心。

"我在这个城市漫无目的地走着，丢掉了最初的心。我忙碌，为了赚钱，为了出名，为了成为人中龙凤，却忘了为什么而活。"这句话，是我在一本书上看到的，却变成了很多人的座右铭。

那天，我姐从美国回来，我在机场接她，出站口，人人大包小包，焦急地寻觅着多年没见的亲人朋友。

我很快接到我姐，接过她的行李，寒暄两句，就兴冲冲地走向停车场。前面是一对母女，妈妈拖着一个箱子，背着个包，还拿着一个袋子，孩子两岁，母亲没有牵她，于是她只能慢慢地走。忽然，孩子摔倒了，手里拿着的东西撒了一地，她在人群中哭起来，声音很大，但路人只是看一眼，却没人向前，没人关心。

母亲手上满满的东西，看着倒下的孩子，在人群中很茫然，不知所措，只能任凭孩子大哭大闹。

我姐冲上去，扶起小孩子，做鬼脸逗孩子开心，孩子很快停止了哭声。我看我姐过去，也走了过去，跟那位母亲聊天，帮她拿包，把她们送到了停车场，那位母亲笑得很开心，说，感谢你们，留个电话吧。

她们走后,我问我姐,为什么要去扶她?

我姐好奇地看着我,说,不为什么啊,不应该吗?

是啊,从什么时候开始,我们都觉得帮助别人,竟然成了一件奢侈奇怪的事情?我姐继续说,在国外,老太太摔倒,会有很多人扶。

几个月后,我拿着一个剧本去一家视频网站送审。负责人看完后,没有让我改,直接说,我们会买这个剧本,以一个不错的价格。

我很惊讶,因为不符合常规,我去过很多出品制片单位,他们都会不停地要求我改,满意后还会跟我讨价还价,要拖很久才能结算稿费。可这次还没看,怎么就……

接着,他说,我们市场部经理要见您。

我好奇地走进市场部经理的办公室,里面坐着一个女人,三十多岁,她笑着说,尚龙,好久没见。在机场,谢谢你和你姐姐。

人生中很多巧合,会让善良延续,也会让仇恨延伸。你播种什么因,就会带来什么果。也是从那时候开始,我学会了不计代价地去帮助别人,去做一个温暖的传递者。

我有一个习惯,只要是送快递的人或者送餐的人敲门,我都会让他进家等,有时候还经常给他们倒一杯水。久而久之,他们来我家的时候,脸上都会露出笑容,而不是焦急和不耐烦。

有一次一个荔枝 FM 的主播让我帮忙寄三本自己的新书给她抽奖,我打电话给快递小哥,请他来我家取货,我们互相不认识,于是没多说话,只是把书先交给了他。我填写单子很慢,小哥在一边竟看起书来,当我填完交给他,他还在看,甚至忘记了找我收费。直到走出去后又回来问我,哥,你这个是先付还是到付啊?

我笑着说,你是不是很喜欢这本书?

他傻笑,说,写得挺好,我看看,放心,绝对不耽误送东西,嘿嘿。

我拿起桌子边上的另一本书,说,送你一本吧,慢慢看。

小哥赶紧说,那怎么好意思,天哪。谢谢,太谢谢了。

那时我填完单子,小哥对完电话号码,看到寄件人那栏忽然尖叫了起来,你竟然是这本书的作者!

这一叫,把我都叫得不好意思了,他一个劲儿地说谢谢,我一个劲儿地说不用,场面很滑稽,也很温馨。

我看着他蹦蹦跳跳地离开,笑容挂在脸上,忽然觉得今天很开心。

晚上,他加了我的微信,我通过后,看到他朋友圈里写着:本来明天要辞职回家,谢谢陌生人在这个冷冷的城市给我带来的温暖。这段话下面,配着我的那本书。

深夜,我泪流满面。

你知道吗?在这个城市的某个角落里住着一个人,可能和你一点关系都没有，但你只要冲着他微笑一下，或许，你们就能成为好朋友。心能驱走寒冷，微笑能传递温暖，而我们，都能传递爱。

好好活着,世界不会因为你离开而改变

"2015年8月10日,中国传媒大学的周某某被同学李某某邀请到剧组演戏,随后被强奸未遂,惨遭杀害。"这是当时各大头条都在转载的消息。我除了愤怒,也为逝者深感难过。那天,朋友圈被刷屏,许多电影圈的朋友也都和周某某、李某某交流过,我们有着共同的好友,忽然觉得这一切都离我很近,难受不知不觉地涌上心头。

那时,仿佛就在一瞬间,微博、微信都在铺天盖地地讲述着这一切,不同媒体用不同的方式解读,似乎在关心事态,又似乎在用这个事件刷着流量。

可几个小时后,朋友圈安静了,代购依旧叫着价,吃货还是晒

着不同的食物，上班族依旧痛斥着老板，美女依旧贴出各种地方的自拍照，人们依旧分享旅行时的照片，仿佛什么都没变。最让人难过的，无疑是刚刚赶过来的逝者的父母，他们以泪洗面，痛不欲生，可或许几年后，他们也会习惯没有她的生活。

朋友在车里刷着朋友圈，忽然说了一句，好好活着，世界不会因为任何人离开而改变。

小的时候，本来对离开这个概念仅仅局限于火车站的离别，想着世界很大，但随着信息技术的发展，只要想，就总能见到彼此，无论多远。

可是，随着长大，离开的意义变得沉重了很多。很多离开，一走，就是永远，去了世界的另一端。虽然每个人都会走到世界的尽头，但当灯火快要熄灭，太阳快要落山，此时此刻，才发现无论多少钱财多少名誉都仅仅是浮云，好好活着，比什么都重要。

忽然想到一个朋友菲菲，那年，她嫁给了和自己恋爱长跑三年的男人。她喜欢这个男人带着茧子的手，喜欢他勤劳的样子。婚后，他们来到北京打拼，从租个小平房开始奋斗，直到老公有了自己的公司，赚到了人生第一桶金。他们的日子越来越好。

本以为这就是爱情最终的归宿，却万万没想到，这一次，婚姻成了爱情的坟墓。

菲菲的舅舅是个煤老板，那段时间煤矿产业赚钱，舅舅开了个公司，急需人入股投资，股东回报也不会少。菲菲老公听说后，就准备拿着自己全部家当入股，菲菲一开始不同意，但她老公坚持，加上认为舅舅是菲菲的亲人，不会是骗子，于是把公司的所有现金入股到她舅舅的公司。

当感情被金钱污染，当陪伴被利益浸泡，剩下的就只可能是赤裸裸的躯壳了。

一年后，国家打压煤价，菲菲舅舅的公司破产。菲菲家的五百万灰飞烟灭。从此，菲菲和她老公的战斗开始了。

男人整天在家抱怨这些钱本可以利滚利，为什么菲菲不劝阻他入股，抱怨她舅舅是骗子，要不是她，自己肯定不会入股。

菲菲眼泪吧嗒地说自己劝了，是他非要坚持的。

男人发完神经逐渐冷静后，发现是自己不对，赶忙跟菲菲道歉。

菲菲偶尔也去找舅舅，可钱的问题，父子都能断交，何况是舅舅。

就这样，一天天地争吵，一天天地责骂，又一次次地道歉，终于让菲菲崩溃了。

我曾经跟朋友聊过，当你发现一条路不对的时候，你有两个选择：第一，坚持走下去，这样，你的风景不会变，但是痛苦依旧；第二，就是转身往回走，虽然回程的路你会不适应，会痛苦，可是当你习惯回头的风景时，自然也打开了新世界。爱情和事业一样，当人不对了，就大胆地放弃吧，无论你们之前经历了什么，那都只是过去。世界在变，人亦然。变了的人，放弃不是背叛，只是为了彼此更好的未来。

那天两人继续吵架，不幸的是，菲菲老公的朋友也在。那天的争吵，其实和往常一样，但连续几天的争斗，菲菲显然已经被这种压迫逼到了极限。

他们经过了激烈的碰撞，说了很多难听的话，菲菲气得失去了理智，她快步走到窗户边，大喊，你再说我就跳下去！

老公先是愣了一下，然后丧心病狂地大声喊出了那句嚣张的话，你有种就跳！

或许，在他心里，从没想过自己的老婆会因为这件事情跳下去。可是，他怎么会明白，一个寻死的人不是因为某一件事，而是生活中太多压力一点一点地积累；就像一个跟你翻脸的人，谁知道他忍过你多少回。

窗户被打开了，一个身影从十八层楼掉下，划破云霄，划破了北京安静的夜色，划破了这么多年的爱情，留下的是一方没有眼泪的诀别，一方泪如雨下的悔恨。

菲菲走的时候据说没有叫出来，就好像她已经忘记了她掉下来会给爱自己的人带来什么的沉默。或许，她只是想让那个伤害自己的男人后悔，又或者，她只是想向世界证明她是勇敢的。

可是这些证明，有什么用呢？

菲菲的父母伤心欲绝，父亲昏过去数次，菲菲的老公跪在地上，泣不成声。我不知道那个跪在地上的男人在想些什么，但我能确定，那些眼泪，是真的。

菲菲父母最终没有起诉那个男人，他们要走了菲菲的女儿，那是他们对菲菲唯一的思念。男人茶饭不思，短短一个星期，瘦了20斤，眼睛充满血丝。

的确，菲菲做到了，她做到了让这个男人后悔，可是她忘记了一点：世界不会因为任何人的离开而改变。相反，世界会因为一个人坚强地活着而改变。

每个活着的人，都会多多少少地改变世界，无论你是谁，哪怕你影响的人很少，但只要你还坚强地活着，就足以改变这个世界。

写到这里，我有点进行不下去了，想到那天看到菲菲家人的眼睛，我心里久久不能平静。

可是，时光能冲淡一切，无论是谁，时间都会冲刷着人们对他容颜的记忆，人们最终都会适应没有他的日子。

不久，那个男人找了第二个老婆，据说第二个老婆长相一般，但是男人对她很好。

菲菲的父母回到老家，继续过着原来面朝黄土背朝天的日子。

而我们，生活还是和原来一样，像上了发条，每天忙碌着。

太阳照常升起，不会因为谁的离开而改变它的运转方向，也不会为了谁而停止转动。

活着，真好。

几天前，我陪着姐姐去医院看膝盖，医院挂号处，早早地就排着很多人。有许多外地赶来的农民，他们戴着草帽，打地铺在医院门口躺着。门口的小笼包炒到了8块一笼，离医院不远处，就是卖花圈的地方，没有人关心谁的生命，人们司空见惯地看着死亡，就好像来到世界走一遭就应该坦荡地离开一样。

医生麻木地看着来来去去的病人，机械地回答着人们问的问题，有时候医生不愿意回答，打开扬声器低声地指着路。我不怪医生，因为他们实在是太累了，他们见到了太多人间惨剧。

所以，当我问医生的时候，即使没听到答案，也绝对不会问第二遍，因为，他们很多也都处在亚健康状态。

在我们前面，有一个小伙子腿刚骨折，没有挂着号，他缓缓地跟我说，兄弟，能不能给我一分钟，我问问医生能不能先给我看看。

我点点头。

医生看了看他的脚，还没诊断，问了一句，挂号没？

小伙子刚想解释什么。

医生说，先挂号去。

我们的诊断结束后，我开车离开医院，路上有哭的有笑的，忽然明白，我们能来到世上走一遭，是上天赐给我们的礼物。

我打电话给下部戏的投资方，说今天晚上的饭局不能赴约。我自己做了一点饭，然后走进了健身房。

因为活好、慢走，比什么都重要。

这世界，不会因为我们离开而改变。既然我们是芸芸众生里不起眼的小蚂蚁，活着并活好，在有生之年多做自己喜欢的事，帮助那些需要你的陌生人，努力在世界上留下什么或许比赚很多钱更重要。

时间太短，别因为别人闹心，别因为小事心烦，过好每一天。有空多去一些地方，多见一些不一样的人，让这一辈子精彩地度过就好。

人生可以回头看，但不要往回走

在大连，我遇到了强子，他是一个全国连锁夜店的董事长。

强子是我的读者，夜店里，不乏有故事的人。

这天，我在大连签售，十点多，我发了一条微博，照片上，是大连夜色下的星海广场。

他回复我，既然来了，就来我们酒吧坐坐吧。

于是，我们到了那家夜店，他微笑着叫服务员拿了两瓶香槟，夜店很吵，灯红酒绿，乌烟瘴气，人们无意识地扭动着自己的身躯，跟着音乐挥动着手臂。

强子没有喝酒，只是要了一瓶白水。

他说，尚龙，来了就别端着了，喝到开心为止吧。

我看着他的杯子说，你为什么不喝？

他说，我刚做了一个大手术，身体虚弱，不敢喝酒。

我赶紧懂事地点点头。

他继续说，在住院期间，我看完了你的书。

我问，哪个故事最喜欢？

他说，关于爱情。

他喝了一口水，说，我从来没有过一场美好的校园爱情，却有一个能白头到老的女人。

夜店里的节奏越来越快，舞池里的人群魔乱舞着，老男人甩着金链子，旁边是穿着性感的女孩子。

散台上，微醉的女人被光照得很美；雅座上，疯狂的男人被音乐震动得麻木。

我看着这些浮夸的人发呆，强子凑到我耳边，说，雅座和散台上的人，都只是有钱而已，真正有故事的人，都坐在吧台。

1996年，强子刚刚大学毕业，学建筑的他，一无所有地从学校里迷茫地走进了社会。

他一头长发，抱着吉他，为了谋生，他白天工作，晚上在酒吧卖唱。

那时，他认识了几个道上的兄弟，很快，跟着他们开了一家KTV，他只听说开KTV赚钱，加上喜欢音乐，于是很快同意加入。

入行后，才知道这一行，时常要上下打通关系，陪酒变成了生活中必不可少的部分。

他交流能力强，每次谈事情，只要他出马，这件事情就能搞定。

只是，他总会拖着醉醺醺的身体，回到出租的房间。

那一年，他赚了几万块钱，那个时候的几万，算很多了。可是，他厌倦了这种生活，更讨厌这种乌烟瘴气的日子。

他不敢跟父母说自己做的事情是什么。于是，他决定退出合伙，同伴挽留不下，甚至动用了黑社会。

他咬紧牙关，做了许多努力，最终还是拿着所有的钱，做起了进货生意。

可是，毕竟是初入行，又运气不济，这次生意，他赔得一干二净。

最苦的时候，他在公园的躺椅上过夜，让警察追得到处跑。

就在这时，他的同伴再次找到他，说你头脑聪明，交流能力强，现在KTV合伙正需要人，他们准备做连锁店，让他回来。

强子咬紧牙关，最终没有答应。

那人恶狠狠地说，以后饿死了，别说兄弟没给你指一条发财的路。说完，就转身走了。

第二天，一个姑娘找到了强子，说，你是个好人，我有点钱可以给你，让你东山再起，但是，你要带我离开这里。

强子点头。

这个姑娘，是他们连锁KTV的一个坐台小姐。

这个姑娘，也是他现在的老婆。

2001年12月11日，中国正式加入了世界贸易组织（WTO），他在大连开了第一家夜店。在此之前,很多年轻人只是听过国外有一种叫作夜生活的东西,却不知道是干什么的。

强子说,是我让大连变成了不夜城,也是我让那些单身男女深夜有地方可以消遣,是我撕掉了他们伪装的面具,让他们真正地做自己。

那一年,夜店里的客人越来越多,他的酒也越卖越贵,钱也赚了不少。

那一年,还发生了两件事:

第一,他结婚了。

第二,和他合伙开KTV的几个人,因为涉黄涉黑,被抓了。

那几年,强子在夜店里见到了很多人,他们扭动在舞池里,他们迷茫在城市,他们沉落在夜店。

他制定了规定,散台和雅座是有最低消费的,而吧台可以任意支付。于是,吧台成了眼泪和烂醉的聚集地。

我问强子,能不能给我讲一个发生在吧台最让你难忘的故事?

强子沉默了很久,还是张口了。

那是2005年,强子已经开了好几家连锁夜店,那天,一个小男孩,一头黄头发,坐在吧台边。

酒保说,您喝什么?

男孩说,我什么也不喝,我要见你们老板。

强子那天很累，白天刚和顾客谈完生意，他们这个职业一般白天睡觉，晚上上班，现在已经二十多个小时没睡觉，疲倦地躺在沙发上，忽然听说有顾客叫，就立刻起身过去。

他以为是酒水出了问题，赶紧跑了过来，抬头看着这个黄头发的男孩子，赔着笑问，先生，不好意思，怎么了？

黄头发站起来说，你们缺服务员吗？

强子的火噌地一下冒出来了，他大喊，你买酒了吗？

酒保摇摇头。

强子大怒，滚滚滚，哪里来的小毛孩，赶紧给我滚！

保安们三步并作两步走了过来，几只手开始拉这个黄头发，黄头发一边被拉走一边喊着，说，我能吃苦，相信我好吗？

男孩的喊声很大，可是喧闹的夜店里，哪里听得到来自灵魂深处的呐喊？在那个充斥着浮夸的小社会，哪里还有怜悯呢？

强子讲到这里，开始夺我手里的酒。我知道他不能喝，一把抢了过来。

他拿起水杯，重重地喝了一口。

我问，然后呢？

他说，三天后，他看报纸，一个黄头发的男孩子抢银行时被当场击毙。

说到这里，我看到了他的手在颤抖，空杯掉到了桌子上。

他说，如果我当年要了他呢，是不是就不会发生这个悲剧？他会不会就能很好地活在这个世界上？

这时，歌手站在了台上，那一首歌，是信乐团的《如果还有明天》。

台上的陪酒、服务员、领班和不知发生了什么的顾客，都机械地举起了双手，跟着音乐晃动着，他们扭动着身躯，而他和我，不合群地安静着、沉思着，念着世界的另一边。

现在，他名下的这家夜店，已经在全国很多大城市都开了连锁店。而他也摇身一变，成了千万富翁。

忽然，他身边多了许许多多年轻貌美的女子。与此同时，他的老婆找了一个超市收银员的工作，两人一个白天工作，一个晚上工作，生活作息相反，加上思想距离越来越远，终于，两人把仅存的生活，变成了战场。

拥戴他的人越来越多，吹捧他的人越来越杂，似乎全世界竟然只有这个女人敢反对他。

于是他回家的次数越来越少，动不动就喝到天亮。久而久之，身体报警了。

那天，他腹部疼痛难忍，一开始以为是一般的胃病，到了医院后，医生冰冷冷地说了三个字——"肝硬化"。

他知道这个消息后，没有被打垮，就像知道这一切早晚会来一样，只是淡淡地问了一句，我还有救吗？

医生没说话。

后来他才知道，病情只是在代偿期，可是，接下来的日子，他再也去不了夜店了，取而代之的是他只能在医院躺着，默默地想着曾经的辉煌。

强子问我，你看过《夏洛特烦恼》吗？

我点头。

他说，我在电影院，看到辉煌的夏洛因为病重没有一个人看他时，竟然震惊了。然后当看到全世界只有马冬梅来看他时，我的眼泪唰地流了下来。

他的老婆，辞掉了工作，每天给他做饭、收拾衣服，端茶倒水。

一边絮絮叨叨，一边任劳任怨。

他老婆给他拿了一堆书，说，虽然我不懂，但他们说看书好。你反正也没事，这些书都是网上最畅销的，没事就看看吧。

那些书中，就有一本，是我写下的文字。

强子用被子盖住脸，不让老婆看到他的眼泪，老婆在被子外面，把他抱得紧紧的。

那天晚上，强子跟我说，尚龙，我现在什么都有了，有时候还在想缺点什么。

我看着他，不知道说什么。

强子说，我想，再干一段时间，休假出去旅旅游，毕竟这老婆娘跟着我，就没怎么享过福。

我点点头。

他忽然说，你想写写我吗？

我笑着干完了最后的酒，世界有些恍惚，但我依旧说，你想让我写吗？

他说，当然想，能答应我，写完后第一个给我看吗？我想给那个老婆娘看看，我们也能成为故事的主角了。

我笑着说，你一直都是自己生命的主角啊。

我离开了夜店，强子送我出来，他问，什么时候能再见到？

我说，见不见我不重要，重要的是，什么时候见到那个在家等你的人。

他笑得很开心。

就像此时此刻，正在码字的我一样。

《飞屋环游记》里有一句台词很好，大概意思是说，幸福不是权倾朝野、大鱼大肉，是当你想爱的时候有人爱，想吃的时候有饭吃。

当繁华退尽，容颜老去，你还会牵着我的手，说我爱你吗？

当两人白发苍苍，坐在躺椅上，你是否会感谢，在你一无所有的时候，有人坚定地选择了你？

或者，该感谢的，一直是你自己？

困住你的不是生活,而是自己

2013年4月,美国波士顿举办了一场马拉松比赛。当时我姐在波士顿大学读书。

她读的是新闻专业,所以那场比赛她作为实习记者,站在终点迎接着自己的采访对象。

为防止心跳忽然减慢,运动员跑完都会冲出终点慢走一段时间再停下来,姐看到采访对象走远,于是跟了过去。

忽然,"砰"的一声,旁边的垃圾桶突然爆炸,周围的几个人被炸飞,瞬间,哭声、喊叫声弥漫在大街小巷,震动着人的耳膜,冲击着每个人的心跳。

没人知道发生了什么,更没人知道下一轮爆炸会发生在什么地方,会有谁离开这个世界。姐猛地回头,人群涌动,穿梭着,拥挤着,哭声喊声震天。

瞬间，第二颗炸弹爆炸。

观众和运动员浑身是血，多人受伤，数人离世。

据说犯罪的是一对兄弟，在逃离过程中，他们和警方发生激烈枪战，车被打成马蜂窝，哥哥当场被击毙，弟弟开着车，轧过哥哥逃跑，最终被抓。

一个男士腿被炸断，他没有痛苦挣扎，只是握着十字架，默默地祈祷着。

爆炸现场逐渐失控，波及甚远。几天后，不远处的一个城镇，甚至还有趁火打劫的人，人群中有一个戴着帽子的男人，帽檐压得很低。他忽然抬头掏枪，对着天射击，人群如鸟兽散，混乱叠加恐惧，谁都忘记了惩恶扬善，没人还记得邪不胜正，逃命要紧。

他抢了路人一些钱，眼看快逃离人群，不远处一个老太太，一边亲吻着胸前的十字架，一边小声跟自己说，上帝保佑。她冲上去，赤手空拳，一只手凶猛地击打歹徒的头，另一只手紧紧地握住十字架。

周围的人惊讶地看着这一幕，不知道这是一股什么样的力量，歹徒显然也震惊了。瞬间，几个年轻的小伙子缓过神来，上去扑倒了那个歹徒。

接着，警察扑了上来。

记者采访老太太，问她为什么能这么勇敢地面对恐惧？

老太太说，因为我相信会有人保护我。

我姐把这些故事讲给我，眼睛湿润，说，我们已经忘记了相信的力量。这些年，我们被欺骗变成了多疑小气的人，我们忘记了相信的力量，丢掉了信仰。

歹徒被判处死刑，临刑前，他哭了，说自己错了。修女在一旁，听着他的忏悔。

那年，我姐也有了自己的信仰，住在北京，工资不高，经常旅游，过得很精彩，也很幸福。

可是，故事的主人公不是她。

后来我认识了苔老，苔老是牧师，脸上永远挂着微笑，笑得很幸福。哪怕他不认识你，也会对你嘘寒问暖。在冷漠的大城市，这样的他显得格外不合群。

第一次去教堂，互相都不认识，苔老请我们自我介绍。

说实话，我挺喜欢这个环节，因为每次自我介绍时，我都能说个不停，留下无数人羡慕的眼光，因为我经历丰富，每个行业又都能干得足够出色。

在这个社会，每个人都被贴上标签，从经理到董事长，从官员到企业家。随着我们的社会属性越来越多，我们逐渐忘记了自己是谁，要去哪里。

最终，我们记住了标签，忘记了人。

苔老说，我们介绍一下自己的名字，是哪里的人吧。

天哪，竟然这样自我介绍？

不用介绍自己的官职吗？

不用介绍自己的社会地位吗？

不用说一个月挣多少钱吗？

那一刻，忽然被什么感动了。记得小学的时候，老师让我们自我介绍，说出自己的姓名和发生过的一个好玩的故事；到了中学，老师让介绍自己的父母是干什么的；到了大学，变成了你是哪所学校的，学什么的；毕业后，变成了你是干什么的，什么职位。

是我们变成熟了，还是我们忘记了自己本身是谁？

介绍完后，苔老跟我们讲起了自己的故事，像一个老者，又像一个朋友。我忘记了，我们只是第一次见面，为什么要彼此信任，为什么要相信对方没有恶意。

忽然想到，有多久没有去相信一个陌生人的示好了？

别人的一个笑容，会不会是有所图？

他人的一个电话，是不是别有所求？

陌生人的一次搭讪，难道是推销者设计好的？

苔老讲的时候，微笑着，一直笑着。

他一直微笑着，满意地讲着自己的生活。那一路，似乎没有什么波折痛苦。我开始脑补苔老的生活状态，一定是苦尽甘来，现在赚了很多钱，至少担心温饱的日子早已经过去，如今有了美好的生活。

后来我才知道这种理解是多么局限。

那天，他邀请我们去家里吃饭。

一进门，映入眼帘的是一个三居室，红木装修，干净整洁。苔老有三个孩子，都是男孩，老三骑着老大，老二在一边起哄，苔老在一旁，笑着看他们疯，保护着他们。

苔老的老婆是家庭主妇，没工作，在家照顾孩子，家里的经济担子压在苔老一个人身上。大学期间她和苔老一起去美国读书，一无所有的时候，怀孕了。

她相信这是命中注定。那时，两人一无所有，纯裸婚，在美国这个异乡，用爱情作粮食，用信仰当氧气，生存着，幸福着。

此时此刻，她已经是三个孩子的妈妈，在厨房里跟另一个保姆大妈一起做着饭。

一家人其乐融融。

我心想，能在北京有这么大的房子，有保姆照顾着三个孩子，想必资金也很雄厚吧，还真赚钱啊，竟然还能移民美国生了三个孩子。

饭菜很好吃，吃完后，我看见嫂子起身，跟那个大妈结账，大妈没有留下来，他们算账细到五毛。

桌子上没有太多贵的菜，几乎都是家常便饭，不奢华，不做作。吃完饭，我们安静地聊着天，苔老依旧是笑容满面，三个孩子在一边闹，老婆洗碗，他幸福地笑，似乎在坚信明天的美好，享受今天的阖家欢乐。

我终于还是问了，苔老，当牧师，一定很赚钱吧？

回家的路上，我久久不能平静。

耳边一直响起苔老的话，现在教会还暂时不能给我提供收入。

我惊讶地问，那你现在的收入源于哪里？

苔老不好意思地说，我在外面接一些翻译的活儿，有时候在朋友的公司帮帮忙，能养家。

翻译能有几个钱，帮忙能有多少收入？三个孩子，小时工，这么大的房子，老婆没工作，你还能这么幸福地笑着，你骗谁呢？

他看出了我的疑惑，说，我收入不多，但相信命运会给我安排好一切。

后来我才知道，那天因为我们来，他特意请了个小时工做饭收拾。

苔老的收入几乎都付在房租上，也会加班加点工作，家里也会遇到经济危机，老婆准备最近去参加工作，为家里补贴家用。生活有过困难，但挺挺就过去了。

听起来这是十分艰难的生活，他却一直微笑着，脸上洋溢着满满的幸福。

原因很简单，他相信明天的生活会更好，他相信命运会给他更好的安排。或者，他相信此时此刻的生活是最美好的。

我把这个故事讲给我朋友。

朋友一个月7000块，没有女朋友，在北京租房，没有太多的经济压力，但他的脸上永远挂着失意的抑郁和加班的痛苦。他冷冷地回复一句，假的吧。

他继续说，赚钱能力一般，可以在北京这样生活？

我说，你为什么不肯相信呢？

风吹得很冷。忽然明白，对于相信，我们已经渐行渐远，经济发展得太快，信仰的温度，丢掉了，失去了，再也找不到了。

一些人开始把信仰全部放在了金钱上，认为金钱是万能的。

可是当人赚了一百万，又会想到下一个一百万。何处才是灵魂永久的栖身处。

肯定会有人说，你这么说是因为你有钱。

谁也没说钱不重要，只是，它不能是生命的全部。这世界上还有爱情、友情、梦想、远方……赚钱，不就是为了幸福，可是，有多少有钱人脸上露着笑容呢？

那天分别前，苔老问我，我一直想问，你为什么不喜欢笑？是不是艺术家都不喜欢笑？

我没说话，强挤了一丝微笑。

在北京打拼的这些年，最怕爸妈的嘘寒问暖，最怕朋友忽然关心。当一个人莫名其妙地提醒我加衣服的时候，当一个饭局邀请我去时，我竟会本能地想这是图我什么。

我问他，你觉得，人怎样才能幸福？

苔老告诉我，幸福其实可以很容易，只要你愿意相信。

是啊，只要你愿意相信，只要你愿意。

原来这么简单。

之后的每一天，我开始带着笑容去上班。

其实，笑起来很容易。你需要相信，世界上好人多。

我还会继续乐观下去，幸福就是相信这么简单。

不要轻看任何一个普通人

《伊索寓言》里有一个这样的故事：一只小老鼠打扰了一只熟睡的狮子，狮子起来后暴跳如雷，于是抓住了小老鼠，准备弄死它。小老鼠说，你只要把我放了，以后我也会帮助你。

狮子大笑，心想，我可是万兽之王，只有我帮别人的份儿，谁还能帮助我？可是觉得老鼠还挺可爱，就放了它。

几天后，狮子被猎人布置的网挂在了树上。那只老鼠刚好路过，于是，它啃断了绳子，救走了狮子。

狮子从未想过万兽之王有一天也会需要老鼠的帮助，从未想过那天一念之间的抬手，不仅拯救了老鼠，也救赎了自己。

其实我们的生活，也是这样。

人们习惯于锦上添花，而不喜欢雪中送炭；人们喜欢跟已经成功的人接触，不愿意去帮助那些落魄的普通人。我们见过太多人，愿意去帮助名门望族，不愿搭理无名小卒。却不知道，讨好那些已经成功的人，需要的成本、力气更大，毕竟别人该有的都有了，而只是举手之劳帮助那些没那么辉煌的路人甲，却会事半功倍，更能得到别人的感激。关于帮助，其实没有什么身份等级，只要有需要，就应该有帮助。

忽然想到一个故事。

记得那年有个青年在国外学的导演专业，回国后想拍戏。投资公司不愿意给新人投资，因为他们不愿冒险。万般无奈，他几经周折，找到了他的高中同学小吴，他刚好在一家电影公司任制片人。

朋友说小吴不好接触，其实人有钱了都不怎么好接触。但为了事业，青年还是找到了小吴。没想到的是，小吴第二天拿了20万现金立项，她走到青年的面前，只是说了一句话：好好拍。

青年不敢问为什么，一心一意地写剧本划分镜头。直到这部电影成熟地出现在了人们的面前，直到所有的投资方认为这是部好片，他终于松了一口气。

那天，他问小吴，为什么要这么大胆投钱给他？

小吴抽了一根烟，说，五年前我父亲住院，你是唯一给了我五百块钱至今没让我还的人。

青年瞪大了双眼，从那时起，他认真地对待身边每个人，无论是谁，无论他多没有名声没有威望，无论他是大明星还是路人甲；从那时起，他明白了，绝对不要敷衍身边那些弱者，绝对不要瞧不起那些普通人,因为不一定谁就在他需要帮助的时候,伸出了一只手。

我,就是这个青年。

事情的真相其实很尴尬,我没那么伟大,之所以没要她还,是因为我忘了。

几年后,我有了自己的团队。朋友问我,你身边的所有人都很挺你,无论你做什么,无论你能拉多少投资,能给他们多少钱。你是怎么做到的?

我说,因为那个故事深深地感动着我。逐渐地,我养成了习惯,无论发生什么,无论他们多默默无闻,无论他们是谁,只要他们需要帮助,我都愿意提供。

其实在这个世界上,我们都是路人甲。毕竟人总有悲欢离合,总有颠沛波澜,总有起落不定。起的时候,莫得意,弯腰拉别人一把。很多时候,不是为了表现自己道德多么高尚,而是为了落的时候,别人不落井下石。

忽然想起,第一年来北京,过生日时,我点了一根蜡烛,打开一瓶啤酒,面前放着一个蛋糕,蛋糕对面坐着那时的朋友——微。微看着我笑,然后说,许个愿吧。

我的愿望是希望以后的生日都不会孤单。

她笑着说,放心吧,有我在,就不会孤单。

幸运的是，愿望成真了。

因为后来在北京随着自己事业的发展，情况逐渐好了起来，来参加我生日聚会的人越来越多。

微履行了承诺，陪我过了四个生日。

后来，她离开北京，去广东发展。临走前她问我，尚龙，陪你过了四个生日，印象最深刻的是哪一个？

我说，第一个。

她问，为什么？

我说，因为，最寂寞窘迫的时候，只有你一个人陪着我。

后来，每次我有了一点什么成绩，都会给她发一条微信，告诉她，谢谢你当年看得起我。

她总是笑着回我，谁敢看不起你呢！

以后每个生日，无论多热闹，我都会想起那天夜光下，微为我点的那支蜡烛，然后跟我说，许个愿吧。

以后每个生日，只要我喝得酩酊大醉，都会打电话给微，无论我们有多久没见。

微明年结婚，我发祝福微信给她，调侃说，以后的生日，还要不要发个微信什么的？

她笑嘻嘻地说，必需的，每一个！

人在最困难时得到的温暖，总会给人留下最美的记忆。

帮助每个普通人、每个陌生人，无论他们有多普通、多陌生。其实很多时候，也是为了自己。

那天我和朋友在街上走，忽然有个女孩子拍了我一下，说，我很着急，能不能借你手机用一下，我的没电了。

我犹豫了一下，还是借她了。

毕竟我们有两个人，一个姑娘能把我们怎么样。

她打了一个电话，说朋友一会儿来接她。然后笑着走了。

朋友疑惑地看着我，说，你真是道德圣人，要是我，肯定不借。

我说，我不是什么圣人，我只是觉得，举手之劳而已。说不定你以后也会需要他们的帮助。

朋友摇摇头，不信。

我们走了五百米，忽然听到后面有人叫我。

我回头一看，是那个刚刚借手机的女孩子，手上拿着我不小心掉到地上的身份证……

这样的故事，总能感动我许久。

在台北出差，途经花莲转车，因为花莲车站陈旧，没有指示牌，我不知道在哪个口排队买票。

于是，我莫名其妙地排了一队，排到一半时，忽然觉得不对，这里好像是预售队伍，而我要当天离开花莲。

我连忙问前方的大爷，大爷笑着说，你排错了，应该去前面那个队伍。

人太多，我看不到售票口，于是问，哪里啊？

大爷一把拉上我，错开队伍，竟然带我走到售票处。他说，在这里排队，记得啦，还有，不要买站票，会很累的，没有坐票等下一班，车很多的哟。

我竟不敢相信自己的眼睛，萍水相逢，他却这样帮助我。

大爷转身回到队伍，意想不到的事情发生了。

他没有从头开始排，而是自动被推到了他原来的位置，大家没有拥挤，也没有谩骂和抱怨。

除了温暖，像是什么也没有发生。

关于生活，谁都会有起起落落，所以不要自大自傲。风光时不要忘记拉别人一把，帮人时不要管对方是谁，举手之劳而已。因为谁都会有不走运的时候，救你的，或许就是那时你举手帮助过的普通人。

更重要的是，每个人都献出一点爱给那些陌生人，世界会很美。

聪明的人懂得用表达代替沉默

出第一本书后，我定期在微博抽奖送书。

那天，我抽风：留言给我，如果让我有所触动，我去你所在的城市找你，请你吃一顿饭，陪你聊一晚上。

凌晨，微博上留下了一句话：哥，我有故事，想跟你聊聊。

接下来几天，她坚持不懈地给我发信息。

于是，我飞到了鼓浪屿。

绕过那些人山人海的旅游景点，找到了微博上联系我的贝贝。

贝贝在厦门上大学，两根麻花辫绕在头上，厦门空气湿润，贝贝脸色红润可爱。

那天，我听她给我讲了一个故事，关于她的表妹。

妹妹本是家里的独生女，只可惜父母重男轻女的思想根深蒂固，坚定地还要再生一个男孩子。

妹妹到高中,逐渐懂事,明白了父母背后讨论的事情。

她小心翼翼地问妈妈,你们是要再生一个孩子吗?

妈妈竟不假思索地说,是啊。

妹妹很伤心,她觉得父母给她的爱被分割了,可又无能为力。她沉默了,没有说话。

后面的日子,母亲的肚子一点点地大了起来,父母两个人甚至当着她的面谈论下一个孩子是男是女。却忽略了家里的角落,还有一个女孩子,在失落地听着每一个字。

最终孩子出生了,妹妹希望这是个女孩,可是,当孩子呱呱坠地的时候,妹妹失望了。

家里多了一个男孩子,她多了一个弟弟。

终于,她在家里越来越沉默,面对父母的忽视,她用沉默来抵抗。

妹妹的成绩越来越不好,最喜欢的科目也亮了红灯。

班主任叫来了她的父母,母亲不分青红皂白,唾沫星子四溅,劈头盖脸而来。没想到的是,一个柔弱的小女孩,竟然爆发了,她扭头就走,撞开了班主任。

从那时开始,父母隔三岔五就会爆发一次,母亲骂的话各种各样,妹妹却总是用沉默来应对,她从不说出积压在内心深处的孤独。

母亲也不知道,自己的忽略给孩子带来了什么。

几个月后,妹妹消失。

被找到时,她已经喝下了一瓶农药。

抢救无效，离世。

听到这里，我已经无法再平静。听过很多父母和子女的矛盾，可是，这个故事竟让我跌破眼镜，久久不能平静。

母亲知道这个消息后，精神崩溃，重度抑郁。

贝贝讲完，摇摇头，说，多好的姑娘，怎么成这样了？

我摇着头，问，他们从来没有吵过架吗？

贝贝说，没，妹妹很乖的。

我说，真应该吵架的。

吵架是一种交流，很重要的交流，哪怕吵完架，会有一方受伤。

要知道，吵架受伤，都比互相沉默好。

我庆幸自己的父母很民主，在该放权的时候放权，让我和姐姐选择自己想要的生活。

我的父母是部队的老兵，曾过着稳定的生活，朝九晚五，他们的世界里，稳定的公务员是世界上最好的职业。

恰恰相反，我和姐姐却随心随性，愿意每天过不一样的生活，愿意浪迹天涯体会不同的生活状态。

在旅行的问题上，父母和我们的观点完全不同。

他们觉得旅游就是休闲，而我们觉得人生这么短，还不旅行，有何意义。

有时候我们吵到楼上楼下都来劝架。

我很庆幸自己有个双胞胎姐姐，吵起架来两张嘴对两张嘴，多了一个帮手。

很庆幸，我们有一次次歇斯底里的吵架。因为那一次次的吵架，其实是内心交流，让父母知道我们内心深处的声音。

母亲经常说，你们两个小屁孩真不省心，然后扭头就走，可当她扭头看似是不屑我们的价值观，但我们的言语却在潜移默化地改变着她的看法。

不久后，父亲从部队转业，开始自主创业；母亲休假开始周游全国。

他们的生活，让无数同龄人羡慕。

一次，我开玩笑问他们，不是说旅游无意义吗？

母亲笑笑说，你个小屁孩。

我又给贝贝讲了一个故事。

曾经有一对情侣，女孩每次不开心时都会生闷气，男孩甚至都不知道发生了什么。

无奈，他只能不停地哄，偶尔说到一句话，她忽然破涕为笑，她捶打着他，他却茫然地看着她。

可是久而久之，女孩生气的频率越来越高，男孩越来越摸不着头脑。

女孩不说，只是生闷气，她不讲明，只是闷在肚子里，让男孩猜。

男孩无奈，不知道从何处猜。

女孩继续生着闷气，你猜不出来吧，使劲猜。

后来男孩也不爱说话了，他停止了交流。两个人动不动就是几天不理睬对方，她一生气，连电话都关机；他一生气，消失得无影无踪。

再后来，他们一个月没有理对方。

最后，男孩找了另一个女孩，他们在街上手牵手的背影，让女孩看到了。

女孩哭成了泪人，她甚至不知道为什么两人就分手了，为什么他这么快就找了另一个女孩。

她来找我，我问，你们是为什么彼此不理对方了？

她努力回想，说，我记得最后一次冷战，是因为他没有记得我的生日。

我说，你为什么不告诉他？

她说，我以为他懂我……

我实在是没忍住，于是吼了出来，你自己懂你自己吗？你怎么能以为不去交流、不去争吵，就能拥有完美的爱情呢？

后来，两个人再也没有见面，他们相忘于江湖，只是因为他们连吵架都不愿意了。

爱的反义词，其实不是恨，而是沉默。

没有什么比沉默更可怕的东西了,当沉默代替了争吵,那一腔怒火会变成更可怕的东西烧掉本来的美好。既然如此,为何不在火苗被点燃的刹那,就喷出来?

吵架比沉默好很多。

贝贝听完我讲的故事,不停地点头。

她说,我要去骂我男朋友,昨天我肚子疼,他问我怎么了,我又不能说"大姨妈"来了,只能忍了,现在还在生闷气,怎么能不记得我的周期!

她继续说,我还要跟我爸妈吵架,我要过自己想要的生活,我不想一毕业就进爸妈的厂子,虽然我知道吵一两次没用,那我就十次二十次,直到他们懂我为止。

曾经听崔永元说过一句话:我之所以还在批评什么,是因为我还爱着它,如果有一天我说都不想说了,才是真的不爱它了。

愿我们都能继续吵下去,用最好的交流方式,减少彼此的裂痕。

努力是为了不让梦想遥不可及

朋友 N 是一个背包客,那年,他考上了公务员,因为不喜欢体制内一成不变的工作,上班不到两个月,就选择辞职逃离了束缚。几天后,他发了自己在凤凰的照片。

他的父母都是部队的老兵,想法很保守,听说了这个消息勃然大怒,与他发生了很多次矛盾,最后出于尊重,他们对 N 的疯狂举动妥协了。

N 一年里去了丽江、香格里拉,走遍了中国和尼泊尔,他写了一些游记,照了许多照片。在他的朋友圈里面,几乎每天他都在和路人合影,都在认识不同的朋友。每当看到他又去了一个新地方写下了新的文字、发了一张新的照片,我都会情不自禁地点赞。

他跟我说,自己的梦想就是去拍摄一部纪录片或者写一本游记。

他还跟我说,一辈子就这么长,为什么要窝在一个小地方,为什么不去走走,看看外面的世界?

一次,我偶然看到了他的朋友圈,发现每张照片下都有无数个赞、许多条评论和数不清的羡慕嫉妒恨。

他还喜欢音乐,会弹吉他,每到一个地方,都会去当地的一家酒吧演唱。

他经常跟我说,这辈子结束之前,如果我能到过全世界的每个角落,就好了。

其实故事讲到这里,恐怕很多人已经羡慕死这样的生活了。尤其是那些此时此刻还在被老板不停折磨,被客户虐心,被手头成堆的文件搞得焦头烂额的人。他们一定在想,这世界,真的有人在过自己想要的生活。

可是,请让我讲完。

如果你知道,他今年二十七岁了,依旧没有一份稳定的收入,还在花父母的钱。

如果你知道,他每次旅游回来发现自己没钱后,都会无奈地继续工作,然后干两个月再辞职,最长的一份工作干了不到半年。

如果你知道,他每次卖唱的钱连温饱都解决不了,没钱后才知道赚钱的意义。

如果你知道,现在的他,找了一份麦当劳的工作。

那么，你还会羡慕这种生活吗？

网上流传的一封辞职信，说世界很大，我想去看看。可是，你想过没有，随意地出去看看的前提是什么？是本事，是资本，是钱。

没钱能去哪里旅游？没资本如何浪迹天涯？没本事如何认识形形色色的人？

我算是一个不循规蹈矩的人，深知人只有一辈子，年轻的时候不去旅行、不见见外面的世界可惜了。我本科读的军校，读到大三退学，那一年，我自己去了很多地方，只是为了去寻找自己。直到今天，我很开心，自己能有机会到那些地方去释放，去追寻。

曾经一个优秀的学生跟我说她计划从北大退学，像我一样花一年时间旅游，去外面的世界看看，找找丢掉的自己。我吃惊地问她，一年啊？那费用怎么办？

她自豪地说，她的生活费已经积攒得差不多了。

我继续问，那学业呢？不管了啊？

她潇洒地说，世界很大，我想去看看。

她以为我会表扬她的勇敢，没想到我忽然发飙，骂了她半天，随后，她回到学校，把我拉黑了，再也不理我了……

直到今天，我依旧不喜欢那些为了旅游盲目地退学或者辞职的人。我坚定地认为，一味地浪迹天涯和一味地朝九晚五是一样的。牛气的人，能调节好学习和旅行的关系，能调整好工作和旅游的安排。

我想起自己退学后到处玩的那一年，看似潇洒，其实是因为之前当老师授课有了一些收入，而这些钱在给爸妈买了礼物、付了房租后还能剩下些，于是乎我才迈出了远行的步伐。在那之前，我已经自学英语到了炉火纯青的水平，才敢嚣张地走出国门。直到今天，我已经很久没有出门旅行，不是因为我忘记了诗和远方，而是因为我明年出国读书的学费还没赚够……

其实，所有人都愿意出去看看，都知道世界很大。可你是否想过，要等你在这个小世界中足够强大后才能迈向更大的世界，要等你度过生存期后，才能谈梦想。

否则，那些看似自由自在的青春，实则是作死。

一个没有能力养活自己的人，二十多岁还寄生于父母，是不能高谈梦想的。

你，敢不敢自己赚够钱自由行？敢不敢在工作之余练出一技之长，让自己在世界的每一个角落都饿不死？

谁说过旅行和工作一定要对立，谁说过梦想和现实一定要分开。

很早以前，我在电影院看了《集结号》，旁边打扫卫生的大叔是一个抗战时期的老兵，电影演到情深处，这位老兵忽然跪在电影院热泪盈眶。可是等灯光打开后，他赶紧站起来继续打扫卫生。我看到了整个情景，忽然明白了一个道理：其实每个人都有梦。

但最终，梦总会醒来，就像电影院的灯光总会亮起一样。

毕竟，人人都活在这个残酷的现实中。只有等现实的日子富足了，能力够强了，才可以去追求那些美好的生活状态，才能有精力去热泪盈眶，才该去追求那些伟大的梦。否则的话，那些梦幻般的生活，都只是空中楼阁，不堪一击啊。

奔跑的路上，要学会暂缓脚步

老宋大我十岁，比我早十年闯荡江湖。他是历史系博士后，跑去教英语，还深受学生欢迎。

他在河南读的本科，只身一人来到北京，自己租了一个小黑屋准备考研。

那时他工资不高，好在英语还算不错，抱着试一试的心态，来到一家英语培训机构任职当老师。

这一干，就是五年。这期间，不仅考上了研究生，还考上了博士。不久，已经是行业内有名的老师了，也能体面地生活了。

他教考研英语，经常下课后不走，下节政治课，学生满怀期待想见政治老师，老宋笑嘻嘻地说，我是历史系博士，精通政治，所以政治课，也是我给你们上。

老宋中年秃顶，长相对不起年华，不注意看，还以为是五十岁，却不知他是"80后"。

学生上课前先是抱怨,想这老师长成这样,上课要看他这么久,可怎么办。可很快就被他的幽默学识折服,结课时,都抱怨时间过得太快。

那时,他特别能折腾,除了上课还出了很多书。很快,在北京买了房子,车也有了好几辆,娶了一个对他很好的老婆,生活就这样开始了:工作、赚钱、回家、睡觉……第二天,同样如此,生活像上了发条,没有停止键。

他很努力,也很折腾,愿意尝试不同的事情。

那年我新片开机,需要一个演员饰演大一新生,老宋找到我,说这辈子一直有一个梦想,就是出镜当演员。我说,我就一个大一新生的角色现在空闲,你一个五十岁的,怎么演。

他说,我可以把胡子刮了,往头发上贴贴。

当时考虑不是什么重要角色,就请老宋来了,反正也没什么台词。那天,他穿着校服。现场从导演到摄像,笑倒了一片,他任意加戏改戏,觉得不好的,就大胆地改。

他说,演多了,你就剪掉呗。

大家都叫他老宋,不是因为他年龄大,而是因为他长得着急。

每次拍完戏,他就匆匆忙忙地去干其他事情了,他的时间很宝贵,总是争分夺秒。

走前,他经常说,导演,戏份太少了,不过瘾,下次给我安排一个干爹什么的,什么戏我都能演。

我说,你能演但没人能跟你演啊。

他笑嘻嘻地走了。后来,我们成了很好的朋友,我深深地知道,老宋虽然是大家眼中的成功人士,但心里住了一个小公举(小公主)。

后来他告诉我,之所以中年就秃顶,完全是累的。

每天除了上课,他还要写很多书,几乎每天都熬夜撰稿,起早赶课。可怕的是,同时,他还在完成博士论文,照顾老婆的饮食起居。

生活一旦归于稳定,慢慢就失去了本真。虽然很累,却是茫然,反正也成功了,怎么活,一点都不重要了。岁月把他推着走,很快他还完了房贷、车贷,博士毕业,然后也有了点闲钱,日子也充裕了许多。

可是,生活不仅有生存,还有梦想和远方。

老宋很喜欢参加我组织的活动,每次我拉到投资启动新项目,他总是跑来找我要角色,他从大一学生演到亲爹,再到干爹。

我们剧组小美女每次都演他女儿,后来,请她入组前,她都问,我爸来吗?

我很自豪地说,放心,他肯定来。

于是她马上答应,那我也来,对了,他还是我爸吗?

我说，必须的，一场戏是你爸，永远是你爸。

好几次，我跟老宋说，因为这次拍戏经费紧张，片酬要不晚几天发？

老宋摇摇头，说，没有就别发了，我就是觉得好玩，所以来跟你们拍，这点钱算什么。

后来，我们叫他宋土豪、宋干爹。

我们合作得很愉快，每次他开着车来到片场，帅气地下车化妆，霸气地问导演怎么演，然后演个男五号，走了。

很多人做事情，不为别的，只为自己开心。

在大多数人眼中，老宋是个传奇，至少是个传统意义上的成功人士。从中国传统文化角度来看，他一个人来北京打拼，没有背景，没有关系，然后有了不错的经济收入，有了家庭，有了固定住处，并有了些存款，这个结局已经被无数人羡慕。

可是，一般人活到这里，总是会陷入一个误区，认为生活本来就应该如此。慢慢地，他们的生活趋于稳定平淡。接下来，就永远是那样忙碌，每天同样的麻木了。

可他要的，似乎远远不止这些，随着他不停地赚钱，脸上的笑容却越来越少。

他依旧喜欢历史，讲起历史来头头是道，或许曾经只是为了生存而去教英语。可是现在,生存期已经过了,梦想,是不是还要继续下去?

当生活归于平淡,有趣的人总要搞点有意思的举动,让生活重新光彩起来。

果然,老宋有孩子了。

为了孩子,他辞职,去了美国得克萨斯州一所大学读博士后。

走前,我们笑他,说你都博士后了,还有什么做不出来的?

他笑笑,说,都是为了孩子。

送他离开那天,整个团队都很难过,毕竟,这么多次愉快的合作,他给大家带来那么多的欢乐,往事仍历历在目。

老宋的日子像段子,生活充斥着故事。

去美国当天,别人问他,你去美国干吗?

他说,去学习历史。

面签官问,你学习历史去美国干吗?

老宋说,出于一些特殊的原因。

面签官年轻,不懂什么叫特殊原因,于是叫来了老面签官。

老面签官是中国通,听完马上说,有道理。你给我讲一段,我要听岳飞。

老宋说,哥,岳飞不是近现代史。

面签官说,那你随便讲一段。

于是,老宋开始滔滔不绝地讲起了义和团,然后痛斥八国联军当年为什么抢我们东西,面签官没来得及听完,赶紧让他过了。

在美国的日子,什么都变了。

他一年没收入,孩子出生后,媳妇也不再工作了。

忽然,焦虑、痛苦、绝望瞬间涌上心头。可是,他却无能为力。

那一年,他认识了很多新朋友,他住的房子,面朝大海,春暖花开。他的生活完全变了,不再忙碌,而是休闲舒适。

早上起来,他再也不用打开邮箱。相反,他打开书,然后下午穿着泳裤,走向海边。

逐渐地,他放下了焦虑,也逐渐丢掉了曾经的压力。

其实,长期忙碌着的人,忽然让他享受,谁都会觉得难受。忙其实很容易,闲下来并不焦虑,才是本事。

接着,老宋老婆带着刚出生的孩子回国,他一个人留在了美国。

他住在民风剽悍的得克萨斯州,那里的人活得很独立,除了打猎,就是捕鱼。他跟着他们一起,贴近自然,忘记人与人之间烦人的社交。

焦虑过后,他忽然发现,其实自己的积蓄省着点花,一年不工作也是完全可以的。忙了一辈子,竟然逐渐忘记了享受。

其实很多人都是这样,他们已经有了养家的能力,但忙碌太久,逐渐忘记了生活的意义,看似忙碌,其实变成了生活的奴隶。

接着,他一个人到休斯敦,再到拉斯维加斯,又到旧金山。他一个人,周游了整个美国,一个人横跨一号公路,驶过金门大桥,最后,他到了洛杉矶的海边。

他喜欢海浪呼啸而过的感觉,时常,他面对海浪,发着呆,想着过去的种种,一个人默默地流着眼泪。

一年后,他签证到期,回到北京,卖掉了自己在北京的房子,离开了北京。

他拼了一辈子,忽然发现,每天都在忙碌、都在赶,却忘记了生活本身可以慢下来,人完全可以不那么匆忙。

那天我们在三里屯的一个餐馆,他忽然告诉我:你发现了吗,现在的人虽然忙碌,但是脸上都没有笑容。

我说,是啊,可是,生活就是如此,又能有什么办法呢?

老宋说,我在青岛找了一份工作,教历史。我卖了北京的房子,在那里的海边买了一套。

他继续说,后面的日子,我不想那么赶了。想过两天面朝大海,春暖花开的日子了。

他说得很淡然,就好像过去波澜壮阔的青春从来不存在一样。

我问,是不是过去的奋斗,没什么意义?

他说,不啊,正是因为过去的奋斗,今天,才能过上面朝大海的日子。何况,过去后,还是要奋斗赚钱,只是,我想先以开心为主,再去工作赚钱。

他笑得像个孩子,干净单纯,又充满理想地展望着。

走前，他告诉我，自己问了自己十年，才知道自己想要什么，追梦从未间断，生活精彩待续。

曾经听过一句话：你这么拼命，只是为了过上正常人的生活。

年轻时的努力，从来都不是无用的，它扎扎实实地存在于梦想中，让它生根发芽，变成参天大树。

可是，如何让追梦的方向不偏，不让梦想变成可怕的欲望，把握好那个度，需要的是智慧。

奔跑的路上，适当地睁开双眼，去畅想那种春暖花开的日子。慢下来，听听大海的声音，想想鸟的欢鸣，总能看到幸福的曙光。

那天，他离开北京，我们去送他。

他依依不舍，却又不得不选择坚强。

老宋，再见。

有缘，我会去青岛看你，或许在我拼不动累了后，会和你一样，能有一颗平淡的面朝大海的心。

没有哭过的夜晚,不足以谈人生

1

一个朋友最近离职了。离开了她干了四年的公司。

这是她毕业后的第一份工作,她对这份工作感情很深。

她说,在公司最难的时候,她甚至把自己家里的钱补贴给公司用,可如今,自己还是离职了。

我不知道为什么她会走,但每个人的离职原因都差不多,要么伤了钱,要么伤了心。

一开始,她还笑嘻嘻地说什么没有不散的筵席、人往高处走云云,几杯酒过后,她就哭了。

哭得稀里哗啦,像个傻子。

她举着酒杯,问我,职场里,是不是都是委屈?

我摇摇头，说，职场外，也都是委屈。

她不哭了，看着月光，像是看到了自己的未来。

我看着她的高脚杯，感觉世界变了颜色。

2

我曾经说过，没有哭过的夜晚，不足以谈人生。

所有背井离乡的人，所有努力拼搏的人，所有向上生长的人，谁还没有在夜深人静的时候流过眼泪呢。

但是，人不能总活在眼泪里，更不能总是悲观性反刍。要知道，第二天天还会亮，人再怎么流泪，也要相信明天终究会来。

曾经有一个朋友在深夜告诉我，她不想活了。

因为她刚跟男朋友分手，两个人在一起两年，第一年爱得死去活来，第二年却忽然没了感情，只好分开，她分手后肝肠寸断，最初几天一直忍住没哭，后来还是崩溃了。

在一个寻常的夜晚，在忽然听到一首歌之后。

我记得那天，她的情绪很激烈，在电话里跟我讲了好久，然后哭成泪人，说自己肯定活不过这个夜晚，说自己一定见不到明天的太阳。

有趣的是，她去年年初结婚了，现在是一个孩子的妈妈，过得很幸福，据说职位也升了，日子其乐融融。

在朋友圈里,她除了晒娃,就是晒自己的工作照。

她不哭了,也许看着远方,眼泪就不容易落下了。我看着她的生活,感觉到了世界的多姿多彩。

3

其实深夜的孤独总能让人哀哀欲绝,很多人晚上总是思绪万千,觉得人生无数条路自己怎么走了这一条,直到早上被闹铃吵醒,发现走的还是原路。

人生最痛苦的事情,就是想得太多,读书太少;思绪太杂,却什么也没做。

其实每到夜晚,我的微信号后台和微博私信都闪个不停,感觉世界上所有悲伤的故事,都发生在那里。

但其实,并不是这样。

谁的青春还没有几天低谷,谁的深夜还没有几滴眼泪,谁活到中年还没两个刻骨铭心的故事。

如果要问我有什么建议,我的建议很简单:迷茫了就读书,难过了就跑步,孤独了就找朋友聚会,受伤了就去远方旅行。

我们活在世界上的每一天,都是上天的恩赐,所以,别那么孤独、别那么难过。

别总在夜晚思绪万千,看着月光觉得世界灰暗。

不要总觉得流泪是生活的苦难,流泪其实是另一种微笑。

朝着阳光生长,黑夜就不再漫长。

Part

3

你不需要变成
别人期待的样子

坚信随着自己越来越棒,
会有一个人在不远的地方等着你。
这样的你,才应该是幸福的你,
是讨人喜欢的你,是自己爱的你。

不要把安全感建立在别人身上

我和王立在他公司外面的大排档吃饭,他一边挠着头,一边抽着烟。

他是一家公司的CEO,二十九岁,开着玛莎拉蒂,家住在北京三环边,但这些都没花家里的钱,他不是富二代。

我问,你愁什么呢?

他指着自己的车,说,你说如果谁刚出生就有了这辆车,而不是自己赚钱买的,是不是觉得就算丢了也无所谓了?

我说,炫富是不是,反正我丢了自己的自行车是会心疼的。但要是别人送的,心疼的程度肯定会小一些。

他没说话。

几年前,他开着这辆车,追上了貌美如花的琳琳。琳琳当时在名牌大学学习播音专业,男生像苍蝇似的成天围在身边。琳琳见他年轻帅气,有钱有才,二话不说进了他的车。

一年后,王立公司上市,和琳琳结了婚。

半年后,琳琳讨厌单位的各种乌烟瘴气,辞职回家。

王立把工资交给琳琳,琳琳整天无所事事,每天要么在家看电视,要么逛街买包。他还定期带琳琳看话剧、看电影,还把琳琳送到了国外读书,前几个月刚回来。

他说,我给了她物质和精神双重的富足和她想要的稳定。

琳琳很幸福,生活很稳定,可唯一的问题是,琳琳的所有生活品质都源于一个爱她的男人。她是否想过,如果这个男人离开了怎么办。

年轻人,耐不住寂寞,总要搞出点事情,于是,她开始不停地试探自己的生活是否稳固。

"今天为什么回家晚了?"

"为什么把工作带回来?"

"我给你做的晚餐你为什么不吃?"

"喝那么多干吗?你别睡觉了。"

王立母亲去世得早,父亲步履蹒跚,行动不便,甚至有些老年痴呆。

琳琳在父亲面前表现得还不错。

那次去看父亲,琳琳做了夜宵,可王立在忙工作,琳琳端碗过去,王立却不停地打着电话。

琳琳等待半天，电话那头和这头，声调都尖锐刺耳，争吵不停。挂了电话后，王立因为电话那头的人已经暴怒。琳琳把碗送到王立面前，王立推了几次，碗被重重地摔到了地上，不是王立摔的，而是琳琳用力甩了出去。

毕竟，她难得为他做一顿饭。可是，她根本没有问他要不要吃。她转身离开，冲出门的刹那，父亲刚好起身，她撞到父亲，父亲的背磕到了茶几，昏厥。

他父亲躺了三天，背部重度骨折，下身瘫痪。

王立说到这里，喝了一口酒，包里装着离婚协议书。

他说，这辈子的缘分，就到这里了。

我问他，可是你一直在为她创造美好生活，直到今天她生活都无法自理吧？你是否想过，她没有你，该怎么活？

王立咬了咬牙，说，此后，和我无关了吧。

我不知道琳琳以后的生活是什么样，会不会重新回到朝九晚五，会不会发现其实别人给她的稳定，不过是一场梦。

佛说"一切皆苦""有生皆苦"，苦是常态。当生活中忽然因为一些人的进入，让自己的生活莫名其妙地变甜时，你是幸运的。可是，当生活趋于稳定，你需要做的，不是肆无忌惮地浪费挥霍，而是利用这一切无压力的时光，抓紧时间进步，去保持能够独立的能力。

别人搭建的温室，你住进去虽然很舒服，可是人一旦舒服惯了，又不知道如何自己搭建温室时，就不知道搭建温室的难处了，也不知去感谢那些曾搭建温室的人了，日子自然就过得乱七八糟。

何况，别人搭建的温室，随时可以将你赶走；别人给你的稳定的生活，随时可能变成动荡的日子。

美好的爱情，是谁都期望的。可一个女孩子，把未来放在一个男人身上，自然而然就会不停地压榨他，为了自己的美好生活去压榨别人，本来就不公平。

女孩子，在最好的年华，别任性，别浪费，别把最好的时间押宝给一个男人；男孩子，同样，如果你出生在一个富足的家庭里，别把未来交给父母，而应该把最好的时光投资给自己，让自己有一技之长。至少要具备随时能离开任何人的能力；至少要有一份不错的工作、融洽的朋友圈和精神上的追求。

这才是最稳定的。

你要知道，别人给的稳定，本身就是不稳定的。

只有每天进步的生活，只有不断保温的爱情，只有牢牢地把握生活的主动权，才是最稳定的。

如果你看过彼得·威尔导演的作品《楚门的世界》，你一定和我一样，喜欢楚门。

楚门的世界，完全被别人设定好。

每天早上,他做着一模一样的事情,他看到一模一样的人,他身边所有的人,都是演员。早上,他会和邻居打招呼,怕我晚上看不到你,所以,早上好、中午好、晚上好。

他每天的生活一模一样,不会出错,因为每天做的事情不变,自然就不会出错。可这样的生活,同时少了每天不一样的快感。

每当他走到岛的尽头,都会因为晕海而不敢挑战更远的地方,然后放弃去看海的那一边。毕竟,突破内心,比突破生活本身更难。

可生活是自己的,怎能让别人导演;自己的日子,凭什么让别人随意地插入广告。

他决定克服自己的恐惧,他驾着船,冲进了大海,一路上风浪不止。最终,他发现,海的尽头,不过是纸,一戳就破。纸的那边,却是另一个世界。

眼看要突出重围,看见新生活,导演画外音却忽然响起:当你走出这个门,外面充斥着欺骗、愤怒、懒惰等人类的恶习,可在我给你的这个世界里,是最纯洁、最美好的。

是啊,可导演你忘了,外面的世界还有新鲜、刺激、不确定;还有梦想、未来、改变。

楚门微笑着对导演说,怕我晚上看不到你,所以,早上好、中午好、晚上好。

然后,他推门出去,迎接新生活。或许,他的生活会遇到挫折和磨难,但这不就应该是生活本来的样子吗?不一样地过着每一天,困难只不过是你成长路上必不可少的而已。

你和楚门是否一样,你是否也在思考着,现在一成不变的生活是不是应该改变了;你是不是也在思考着,每天一样的稳定日子到底是掌握在自己手上,还是有导演为你设定好了一切,你不过是别人剧本里的一个过客、一个演员,日子,什么时候是个头?

还是你想尝试突破一下重围,去见一个不一样的自己?

世界上最大的不变,就是变动本身。

在变动中不停地进步,才会逆水行舟,保持相对的静止。

生活如此,感情亦然。

你是否有过这样的感觉,感情谈着谈着就淡了,朋友晾着晾着就散了。

最实际的,寒暑假时当你回家第一天,父母夹道欢迎;第二天,父母开始喋喋不休;第三天,他们恨不得让你赶紧"滚粗去"(滚出去)。

所有的感情都是有原因的,不要以为别人会无缘无故地爱你或无缘无故地恨你。只是因为你做的事情或说的话,激起了彼此的爱。

可是——

你有多久没有跟伴侣说我爱你了?

你有多久没提醒朋友加衣服了?

你又有多久,没给父母做一顿早饭了?

别以为稳定后，一切都会理所当然。你总要做些什么，让感情保温，让生活平衡，走起来，世界才是稳定的。

真正优秀的人,都在暗处默默努力

对于单身的人来说,每个情人节、白色情人节、黑色情人节、七夕、双十一……甚至每一天,只要看到食堂喂饭、牵手散步、灯下依偎,都是虐狗。

那天,朋友开玩笑地跟我说,不能叫虐狗,毕竟,狗的寿命一般只有十年。我们现在都是虐乌龟。

可是,感情本来就是奢侈品,这么多人分手失恋,其实说白了就是不合适、不匹配而已。

你不优秀,又怎么可能找到更好的另一半。一个人整天不上进,还不是注定当一辈子小乌龟。

几年前,一个朋友说,自己爱上了班上的女神。

我静静地听他说着,他告诉我,每天早上,她都不迟到,坐在前两排上课。她穿粉红色衣服的样子很美。

他经常看见她去图书馆上自习，头发梳得很精干，衣服得体漂亮，每次碰到他的时候，都对他微微一笑。路过的那阵风，夹杂着她干净的香气。

朋友看看自己，没有任何一技之长，不过是茫茫人海中不起眼的一员。他忽然明白，只有足够努力，才能追上她。

于是，他开始尝试改变，每天早起去操场戴着耳机读外语，积极参加校外的活动，认识新朋友。他不再逃课，闲暇时间不打游戏，几乎都泡在了自习室和图书馆。

他开始每天花一点时间打扮自己，梳个头，刮个胡子。

后来，因为书读得多，形象也不错，他参加了一个知识竞赛，上了当地电视台，成了学校的小名人。

因为坚持早读，他英语也不错，考了一堆证书。毕业那年，别人都在找工作，他没找，因为一堆工作在找他，他只要选择就好。

的确，他变得优秀了。

我赶紧问，所以你们在一起了，对吗？

他摇摇头，继续说，随着他每天都在自习室学习，他发现，女神也偶尔上课逃课，去自习室，也是考前才去。大多数时间，她都在琢磨怎么打扮，并没有像他想的那样每天看书阅读、知性迷人。

最重要的是，随着他的平台越来越高，在一次比赛中，他认识了另一个女孩子。

每次比赛前，两个人都会在晚上一起刷题库，然后互相考，为了第二天在电视上能表现得更好。

很快，两个人都进了决赛，再之后，两个人就在一起了。

一年后，他毕业，来到北京。现在，两个人一起在北京打拼，计划明年结婚。

我问朋友，是不是特别后悔没有跟女神在一起。

朋友摇摇头，说，虽然努力了可能还是不会追上女神，但是随着自己每天都在进步，曾经的女神，也许就不再是女神了。

他开心地说，会有更好的姑娘变成我的女神，我坚信，她会在不远处等着更好的我，你看，我等到了。

他笑得很甜蜜。

爱情这东西，讲究门当户对，我说的是精神上的门当户对。当两个人不在一个频道上的时候，自然就不会在一起了。

就比如你在跟她聊最近看了哪本书、哪部电影特别震撼时，她一个劲儿告诉你淘宝最近打折，赶紧去抢购吧。两个人自然而然聊天就很吃力，慢慢就会变成一个人将就另一个人。一个人总是踮着脚爱，一个人总是弯着腰爱，久而久之，自然就累了。

不在一个频道，必定是不会长久的。

所以，当你总是仰望你的男神女神的时候，不应该总自嘲没有机会追上她，你更应该把她设为目标，努力去追赶她、靠近她，让自己更优秀。

或许，在进步的过程中，出于时间、空间等原因，你还是无法和她在一起，可是，一个更好的自己，必然配得上一个更好的另一半。

我忽然想起很久以前自己的故事：那年，我一个人在北京，无依无靠，没钱没势。

有一天，一个姑娘陪我看了一场许嵩的演唱会。

那是我第一次看演唱会，在校三年，心里无限的苦，随着音乐爆发了，我一边流着泪，一边看着身边的她，忽然觉得她很漂亮。

心里想，这一定是我的女神，没错，就是她（这个时候应该加上壮美的背景音乐）。

几天后，我表白，然后被拒。

她说，我喜欢大叔。

我能听出来话外音，她在告诉我，我不喜欢你，因为你还不够资格呢。

幸运的是，我很快就走了出来。

这些年，我一直没时间考虑感情。每天连轴转，除了上课就是写东西，除了写东西，就是拍电影，不允许自己浪费时间。

我从不睡懒觉，困了就去跑步，有一点点时间就拿书出来看，进步成了我每天的目标。

生活，从不会辜负一个用心过日子的人。

还记得一天晚上，我的电话响了，是这个姑娘给我发了一条信息。她说，在什么地方看到了我写的文章，我现在好火啊……在哪里看到一部短片，编剧和导演竟然都是我……

我们简单地聊了两句。

最后她说，我在北京，想见你一面。

那天，我没有赴约，不是心狠，而是实在不知道能聊点什么。那时候的女神，现在却再也无法动心。

好在，我们现在是很好的朋友，偶尔她来北京，也会一起吃个饭，喝一杯，可是我再也不会把她和女神画等号了。

世界变得很快，人每天都要进步，感情这玩意，结婚前都在不停地变动着，很多时候，关于感情，你越努力，越失意，然后被发好人卡，弄得自己一无所有。

和感情有关的因素太多了：时间、地点、空间、家庭背景……与其做这样一个不停变动、可能血本无归的投资，还不如在最青春的岁月，先提升自己，多泡泡图书馆，让自己变得更好。

要知道，在最年轻的日子里，只有投资自己是稳赚不赔的。

别去羡慕那些成天在一起秀恩爱的人，要相信，不远的将来，一定有一个人，正在等着已经越来越好的你。

在错误的时间，认识了正确的人

前段时间，听一个英语老师讲课，无意间听到他说，英语试题大多符合"顺序原则"，但是这道题的答案，你们看，就偏偏没有对应在这一自然段。这种感觉，就像是你在错误的时间，认识了正确的人。就好比说，你明年就要出国了，却在今年年底遇到了一个你超级喜欢的男孩，而且这个男孩也喜欢你，你会怎么办？

台下一片寂静。因为谁都知道，对于青春期的孩子们，这事可能发生在每个人身上，谁知道下一次丘比特的箭会射到谁身上。瞬间，台下所有的人都瞪着眼睛看着这位老师，屏住呼吸，期待老师能给出一个"答案"。

老师停顿了一会儿，说，答案很简单，我就一次青春，管你时间正确不正确，我就要跟你在一起！

大家愣了一会儿，接着，台下响起无数的掌声。

听到这里,我忽然很感动。因为台上这位老师,是我的好朋友。我清楚地知道,他就是在自己一无所有的时候,跟自己的唯一见面了。两个人在最美好的青春年华,听着窦唯的歌曲,一边学习一边赚钱一边愤青,他们用最纯真的热情谈着恋爱。毕业后,两个人靠着自己的努力,留在了北京,接着,他们结婚,然后有了两个孩子,幸福地过着每一天。他讲这个故事的时候,脸上洋溢着幸福的笑容,可谁知道,那段所谓错误的时间,双方需要多努力,才能开花结果。

关于爱情,我们总是会认为,要在正确的时间、正确的地点,遇到正确的人。可是,我们又有什么能力去分辨什么是正确;我们又怎么知道什么时间是正确的;我们如何能奢求这些恰好的正确刚好降临在我们身上;我们又怎么会明白,所谓正确,不过是你们彼此愿意敞开心扉并愿意坚持到最后而已。

曾经听一个朋友讲过一个故事:

有一个男孩去找大师算姻缘,大师想了想说,今天你去找一个身上戴着花的姑娘,她就是你的伴侣。那人找了一天,可是,直到晚上,他发现没有一个人戴着花。他气愤地回到了大师的面前,说,我一天都没有看到一个戴着花的人!

大师缓缓地说,如果你没有看到有人戴花,为什么不自己去送给你爱的人一朵?

男孩若有所思，第二天，男孩子送给自己喜欢的女孩子一朵花，他们多了一次谈话的机会，聊着聊着，两人擦出了火花，聊着聊着，两人就张开了双臂，接受了彼此的爱。日子过着过着，两个人就结婚了。

其实所谓正确的时间，谁也没法确定。就像有时候你制定了一大堆找男朋友女朋友的标准，比如要有房子、有车、有户口，可随着某个人走进你的生命，你突然明白，之前所有的标准都是浮云。此时此刻，你只想有他就好了。所以，只要这个人对了，为何要去纠结时间正确与否。如果此时此刻时间不对，那就先牵着他的手，然后共同努力度过那些难熬的时间，然后幸福地在一起。

我遇到过很多女孩子和男孩子，他们都在看起来不对的时间遇到了正确的人。她正在高考的复习，遇到了那个穿着白色衬衫的他；他明年就要出国，遇到了长发飘飘的她；他们今年正在创业初期，遇到了单纯的她们。她们的父母劝她们，放手吧，以后会有更好的；他们的朋友劝他们，离开吧，这个时间不对。可是，谁规定，那个穿着白色衬衫的他不能陪她共同进步；谁说过，那个长发飘飘的她不能陪他一起出国；谁确定，单纯的她们不能陪着你们一起改变世界。

既然是正确的人，那就勇敢地去爱吧，你那么年轻，计较什么后果呢？用交流让那些错误都变成正确，用爱把那些瑕疵都变成唯美。就算两个人最后没有结果，至少在某一个安静的夜晚，能有美好的回忆，这样的感情，或许更永恒；即使两个人最后没有结婚，一段感情，只要彼此用心，何必计较结果呢。

你不需要变成别人期待的样子

你可能以为这是一个段子,但这是一个真实的故事。

刘安是我学编剧课时认识的朋友,他写出来的故事都很精彩,老师总是表扬他。有一次,我问他,你的故事都是真的吗?

他说,不怎么真吧,因为你再怎么编,生活才是最牛×的编剧。

那天,他给我讲了一个自己的故事。讲完后,他流下了两滴眼泪,说,发生在自己身上的故事,才是最难写的。

那年,他认识了一个长发及腰的女孩子,名叫小白。男生桀骜不驯,女生婀娜多姿,他们在片场相识,男生是编剧,女生是演员。

我一直不怎么看好娱乐圈的爱情,因为大量的爱情都和炒作有关,看不清谁和谁是真爱,或者他们也不知道什么是真爱。可是,小白不仅迅速公开了自己的恋情,还把自己的好朋友们介绍给了他。刘安是个逗比,每次聚会都怂恿那帮大美女,说,喝酒啊,不喝不是男人。

小白的朋友王汉，人如其名，典型的男人婆，一把推开小白，说，你别装，我跟你喝，然后大口大口地喝了起来。

刘安是个文艺青年，他曾经跟我说过，酒、电影、女人，这辈子够了。

所以，他深深地爱着小白。

有一次一群人去夜店，刘安和小白跳着舞，王汉冲了过来，一把拉开正在搂搂抱抱的小白。王汉说，刘安，你看着我的眼睛，十秒，不准动，你过了我这一关，我再让小白跟你跳舞。

刘安仗着酒劲儿，看着王汉，至少看了二十秒。

小白先坐不住了，然后拉开了王汉，说，算啦算啦。

刘安照顾小白很周到，当时刘安没有车，小白从地铁里出来就让刘安背着回家，小白说这是对刘安买不起车的惩罚。话虽这样说，但小白从来没有嫌贫爱富，追她的好几个大叔都很有钱，但小白喜欢说的一句话是：他们活儿不好。

他们两人经常走在路上用暗语：

吃？

麻？

不，做。

碗？

你。

哦。

他们说完哈哈大笑,然后淡定地走着,王汉擦了把汗,开始翻译。

吃什么?

麻辣小龙虾?

不,回家做。

碗谁洗?

你啊。

是,老大。

然后几个人笑得稀里哗啦。

美好的时光总是很短暂,谁也不知道发生了什么,好像是因为一次进组时间太长,两个人回来之后就不一样了。刘安和小白冷战了两周,于是,分手了。

小白搬出了刘安的房间,自己回到了老家。那天,他们都哭得跟狗一样。

刘安和小白谁也不愿意去联系对方,删掉了对方的联系方式,即使,他们背彼此的电话号码比背自己的身份证号码还熟。就这样,过了半年。

小白瘦得很厉害,脸色发黄。那天,她让闺密王汉送了一盒巧克力给刘安。王汉同意了。刘安拿到巧克力,打开,认真地数了数,默默地把巧克力放在了地上,两行眼泪从眼角涌出。

一年后，小白结婚了，又过了半年，小白怀孕了。王汉去看小白，遗憾地说，当年你为什么要和他分手？好可惜，他还是爱着你的，现在还是单身。

小白说，我给过他机会。我们有过暗语，说，如果互相不讲话，就送对方一盒巧克力，如果是双数，我们就和好；如果是单数我们就分手。

小白回头看王汉，她脸色变了，抠着自己的喉咙，想要吐出来什么东西一样。

我差点笑出声来，跟刘安说，你丫继续编，编段子呢？你要不要去讲个笑话？

刘安点燃一根烟，说，王汉是故意的。

刘安继续讲，又过了半年，王汉开始跟自己约会，势头很猛烈。刘安走不出来那段感情，只能从王汉身上找寻小白的影子和那段青葱的岁月，王汉也很喜欢刘安，所以，很快，他们领证结婚。

王汉知道他们所有的暗号，她会把暗号对得很好，一开始刘安会很开心，觉得这些暗号都不用更改，真好。可是久而久之，他经常夜晚抱着王汉，却叫着小白的名字。王汉说她不管，只要人在就好，逐渐地，她从一个女汉子变成了娇妻，她为刘安，改变了太多，而刘安，却再也忍不了了。

他们结婚不到八个月，就开始闹离婚，是刘安提出的。虽然王汉能够忍受刘安偶尔在梦中叫着小白的名字，但刘安忍不住了，他质问王汉，为什么？为什么你知道我们的暗语，到底发生了什么？

当王汉慢慢地把一切都告诉刘安的时候，刘安的身体已经无法动弹了，他不知道是什么时候，王汉已经深深爱上了自己。王汉说，她感谢上帝给了她一个机会让他们分开了，她觉得只要自己努力奋斗，对他好，就会和他幸福一辈子。于是，王汉开始模仿小白，她为了讨好刘安丢掉了自己，她为他做饭，他哭的时候陪着他，他难过的时候为他扮鬼脸，因为，她太爱他了。

刘安讲到这里，手握得很紧。

我说，然后呢？

刘安说，没有然后，生活才是最牛的编剧。他低着头，包里装着一张离婚协议书。

我走在北京的街道，被这个悲剧的前因后果弄得找不着北，每个故事中，都应该有一个坏人，才能造成悲剧。可是，谁是坏人？是对爱情忠贞的刘安，还是天真可爱的小白，抑或是勇敢追爱的王汉？我看不出谁是坏人，或许，谁也不是，或许，谁都是。

刘安跟我说过一句话，说他忘不掉小白的原因，是小白有一种天生的气质吸引着他。而小白也说过，刘安没有怎么追她，彼此只是一种灵魂深处的吸引。忽然想到自己曾经说过一句话：女孩子不是追上的，而是被吸引上的，当两人有着共同的频率，自然而然就会相互吸引。强扭的瓜不甜，强扭的爱情，更是会变味。

曾经听过很多故事，都是男生努力地追女孩子，对女孩子无微不至，女孩子却转身潇洒地流下一滴眼泪后说，你是个好人。

每次听到这里就想打人，凭什么好人就不能有真挚的爱情，凭什么这么努力还不能有完美的结局。对你好了这么久，你受伤我来安慰你，你哭泣我来陪着你，到头来你发我一张好人卡，然后你跟坏人走了，有意思吗？

后来明白了，爱情和工作不一样，不是努力就有收获的。你知道，贾宝玉为什么喜欢病怏怏的林黛玉，不喜欢知书达理、家境优越的薛宝钗吗？因为林黛玉会哭，会闹。而薛宝钗遇到困难，只是自己默默地扛着。再仔细想想，贾宝玉和林黛玉是同一类人，他们相互吸引，相互着迷，他们有着共同的频率。

曾经有人问过我，如果我喜欢一个人，而那个人不爱我怎么办？那天，刘安的故事让我找到了答案：努力让自己变得更好，而不是一直死皮赖脸地追求，失去自我的捆绑、丧失尊严的强扭，都是不对的感情，越努力，越失意。但是，当你变成更好的自己时，你的男神女神标准说不定也就变了，更好的自己，才能配得上更好的他，对吧。

你自己才是生活和感情的主人

这世上总有些假好人，看似为别人的感情操碎了心，其实只是为了凸显自己的存在感。我身边就有一个。

朋友 S 找了一个就读于传媒大学的女孩子，家在农村，条件一般，但人长得特别漂亮。而 S 的家境不错。他们两个的爱情让人挺感动，每天早上大家经常看到一个人等另一个人很久，只是为了送一顿早饭。

L 是个典型的"爱情救世主"，没事就喜欢瞎叨叨，总喜欢谈论别人的爱情，他经常猜测某对情侣是否会有结果，猜得多，就总有猜得准的时候。

几乎每次喝高了，L 都会当着我们几个的面，跟 S 说，传媒大学的姑娘我见得多了，你要是没钱，家里条件不好，根本不愿意跟你在一起。

然后，他举了很多人的例子。

我在旁边喝着酒，然后问他，你怎么知道这个女生不好？

L说，我没说她一定不好，只是告诉S防人之心不可无。何况我是为他好。

最后，S和传媒女真的分道扬镳。S说，传媒女拜金，整天除了钱就是钱，没什么真感情，L说的是对的。L的声名从此在朋友圈大振，存在感又一次得到了提升。

几年后的一天，我偶然遇到了S的前女友，和她聊得很开心，从此她成了我非常好的朋友。她说，自从一次酒局之后，S就变了，变得总是跟我斤斤计较，我们之间的聊天从你侬我侬变成了整日的柴米油盐酱醋茶。我们还没结婚，何必锱铢必较，为什么不能在最浪漫的年纪忘记那些最现实的东西，为什么不能少一些金钱的污秽。

后来我才知道，那段时间，女孩子在一家创业公司工作，是那里的骨干记者，一个月月薪两万，而读研究生的S，虽然家境不错，但平时在一起的开销，都是女孩子出钱。我好奇，没怎么出钱的S，哪里那么多抱怨，哪里那么多幻觉。

又是一次饭局，S借着酒劲儿感谢L，说谢谢你的一番话让我看清了那个女孩子。

我仗着酒劲儿，跟L吼了起来，说，你小子以后别再臭叨叨，你要理论多，自己先谈一次稳定的恋爱。

接着转身离开。

有时候我会想，如果那时不是 L 成天老好人似的出现，提各种建议，或许 S 还能够意志坚定地走下去。可到最后，只剩下 L 光辉的自信和 S 破碎的爱情。

我亲眼见到过一些很有意思的情侣，比如说聪和他的女朋友。

他们在大家面前从来不秀恩爱，聪叫他女朋友帆爷。在朋友圈里，从未见过两人合影，最多也只是聚会的时候，聪喝多了，牵一下这位帆爷的手。

毕业那年，聪去了美国，而帆爷去了日本。

人们都说毕业季是分手季，我也以为两人可能会结束三年的爱情。临走前，我问聪，准备怎么办？

聪说，坚持着呗。

朋友中好多救世主再次出现，不停地说着网上的一些流行理论：异地恋不靠谱，连对方照片都不发肯定不行，毕业了就该分手了……

我虽然点着头，但什么也没说。

几年后，我去美国看已经找到工作的聪，让我感到惊奇的是，他和帆爷还在坚持着异地恋，每天互道晚安早安，而且两人准备明年回国办婚礼。

关于爱情，毕竟，你不是当事人，很多信息掌握得不全。你以为异地恋都是痛苦的，却不知有人认为异地恋多了一些想念对方的时间更美好；你以为嫁一个富二代就一定不幸福，却不知也有富二代是知书达理的；你以为毕业就分手，却不知人家毕业前已经进行了无数次沟通。

这些东西，你又从哪里知道？

既然你不知道，为何要用自己局限的思维，去评价那些努力在一起的情侣？

比起那些整天在网上秀恩爱的人，聪和帆爷是让人羡慕的，他们安安静静、不偏不倚地爱着。他们清楚地知道，感情是自己的，和他人无关。

我是一个保护欲很强的人，但这种保护欲很多时候会伤害亲近的人。就比如一次在夜店里，我忽然看到了朋友和一个男的抱在了一起。朋友推搡着那个男孩子，男孩子还一直拉拉扯扯的。

我笔直地冲了过去，推了那个男人。

朋友在人群中哭泣，责怪我管得宽。后来我才知道，这是夜店里经常出现的一幕，男生抱女生，女生都会先假意推拒一下。我去得少，所以不知道这些游戏规则。

朋友后来骂我扫兴，问我你知不知道一个人走夜路的滋味，你明不明白一个女孩子挤地铁的感觉，你晓不晓得一个人孤单时看见情侣的感受。既然你都不知道，为何要干涉我的感情？

我支支吾吾地说，我知道啊。但是我觉得在夜店发展一段爱情不妥。

她大喊，老娘愿意！

从那时开始，我再也不去管别人的生活和爱情，因为别人的生活，和自己无关。

以前，我总喜欢给别人出谋划策，聊聊对方的另一半，谈谈对方的生活。现在，我还会给出我的建议，但在结尾处我都会加一句，只是建议，最后你的事情你做主。

其实无论是谁，哪怕最亲的人，也无权代替你作决定。

可有很多家长却非常愿意为自己的子女作婚姻和事业的决定，并且还是强制性的。

两人还没正式谈恋爱，父母连面都没见过就开始打听对方的条件，给对方打分了。

他是博士啊？那肯定很无聊；他在创业？那出了风险怎么办；他家是农村的？家里这么贫穷怎么结婚；他家是城市的？那会不会太矫情；他是学生？那连经济都没有独立怎么在一起？他开始工作了？你小心点，别被他骗了。

逐渐你会发现，家长一夜之间变成了上帝。在他们眼中，所有人都成了有问题的人。

何况，谁规定博士不能逗女孩子开心，创业不能带来稳定收入，农村孩子不能奋斗致富，城市孩子不能独立自主，学生不能出人头地，工作后不能一直单纯？

生活中的细节太多，只有当事人才能明白生活是什么，即使是再亲的人，也会有信息掌握不全的时候。既然如此，建议就只能是建议，而不是命令或圣旨。

别当感情的救世主，也别相信什么感情的救世主，选择权在你自己，爱一个人勇敢地爱就好。

某某出轨了，我不相信爱情了；某某嫖娼了，我不相信爱情了；这个人劈腿了，我不相信爱情了；那个人当小三了，我不相信爱情了。你怎么不看看你爸妈还在一起，你哥哥已经和嫂子结婚几年了，你同学和女朋友异地了七年还在坚持？

名人的效应而已，他们出事，你看看图个乐，增加点谈资就好，何必要当真。

无论谁出轨谁离婚，只要他还一直陪着你，你就应该相信爱情，就应该勇往直前。

别拿别人当爱情的模板，要知道，舌头和牙齿还会经常碰撞，何况是两个在一起的人。喜欢就勇敢地克服困难不离不弃，不喜欢就试试能不能改变自己和对方，不能就赶紧离开，相忘于江湖。

感情是自己的事情，可以很简单，别过度相信七大姑八大姨的各种建议，建议就是建议，决定权在你。你需要做的，是跟紧内心深处的感觉，相信彼此真爱的人就好。

当爱情不是你期待的样子,及时止损就好

一天劳累后,一个人静静地坐在电脑边上,旁边是自己养的猫在喵喵叫,时不时地趴在我腿上。有时候总会有这种感觉,如果自己是一只猫该多好,是不是就不用顾忌这个世界上的一些人给我带来一切的伤害。

如果过得没心没肺,这些伤害,是不会让自己那么难受的。

但是我又庆幸自己不是这只猫,因为这个世界,毕竟还是给我带来了无限的美好,如果没心没肺,又怎么会感受得到呢?

这些天,可能是我最近连续发表的两篇文章都和校园爱情有关,所以总被人当成知心大哥,虽然我一直觉得感情对我来说是一个太深刻的话题。

一些人在人人网给我讲自己的感情故事,告诉我自己的前任是

极品，告诉我现在的感情正在水深火热中，告诉我因为感情他们已经茶饭不思。

听得最多的故事，就是分手后自己很难受、很痛苦，问我有没有这样的经历，怎么解决。

那些无法言喻的痛，其实都会随着时间慢慢推移而变得不那么难受。你走不出来，只是因为时间不够长，还没有看淡一些东西。慢慢来，时间会带走该带走的，留下最精华的。

今天一个朋友给我留言：你好，我不认识你，但我想跟你聊聊，因为我的感情已经让我不想生活下去了。

我当时愣住了，然后开导了她半天，走进她的个人主页，看着全是一些心如刀绞的句子。顿时明白，那个伤害她的男生在她眼中已经成为一个彻头彻尾的浑蛋，可是她没有选择去忘记他，而是不停地惩罚自己，放大自己的痛苦，让他看到、让他内疚。

可惜的是，他未必会去看。

于是她自暴自弃，生活开始一塌糊涂。

我无法继续和她的谈话，只能关闭了对话框。

一直觉得，感情是这个世界最奇怪的东西，因为它能让一个好端端的人一下子失去主心骨，变得脆弱不堪。

我想起拍戏时，摄像师在片场的一个片段。当拍到感情戏的时候，他忽然很不配合，骂了十分钟他的前女友。

后来我才知道，他的前女友跟他的室友好上了，而且还怀孕了。

接着几天，他像变了一个人，每天就是在人人网上骂情侣，说自己不相信爱情了。他的高中同学一个个都拉黑了他，他反倒开心了，说真爽。

我问他，你干吗变成这样？

他叹口气，说，龙哥，你没有失恋过，你不知道。

我笑了笑，说，你知道吗？就在前几天，我刚刚失恋。

他很惊讶，说，你怎么站起来的，为什么看不出来？

我说，因为我相信这世界上还有真爱，在不远处等着一个将要变强大的我。

他说，我是不信了，我已经被打倒了。

我说，别闹了，你这么大的人了，这种事情还能打倒你？你只是不愿意再接受新生活了，不愿意去相信一些东西了。

很多爱情都是这样，你很认真地投入一份感情，最终还是和对方分手了，你觉得天塌下来了，你觉得受伤了，你觉得世界灰暗了。其实，放心吧，你比想象的坚强，这些东西伤害不了你。

很多人都是这样，在前女友面前伤了心，第二份感情就再也不付出全部真心了；在前女友身上伤了钱，第二份感情就对钱充满谨慎。你是否想过，你这样总是带着前任的影子跟现任谈恋爱，不觉得亏吗？你认为你成熟了，其实这是脆弱。

分手不可怕，可怕的是你再也不相信感情了；可怕的是，下次一个人把真心放在你面前，你说，这是假的；可怕的是，你觉得这个世界上所有美好的东西，都是恶心的。

几年前，我的一个好朋友怀孕了，她男朋友不仅不采取补救措施，还一走了之。我记得那天晚上她哭着给我打电话说借钱，后来我好久都没有见到她。

一个月后，她康复了，跟我说，我好了，谢谢你，这是还你的钱。

我当时笑了笑，说，你没事就好。

她也笑了笑，然后扭头离开了。

那时，我想，这个打击真是不小啊，可能下一次，她不会再相信爱情了。

有趣的是，去年，她结婚了。男生比她大五岁，她每天给他做饭，他开车送她。

我问她，你们怎么就看对眼了？

她说，因为我爱他。

那天我看着他们两个人在一起，忽然眼泪在眼眶里打转。

那个时候，我意识到了什么叫作相信。明白了即使生活把你折腾得遍体鳞伤，你还能相信这世界很美好的力量。

这些年认识了很多人，交了很多朋友，但是真正知心的依旧是那么几个人。很多人就像是过客，在生命中停留一下就离开了。有时候觉得生命很滑稽，两个人昨天还在手牵手，今天就形同陌路了。

随着成长，我逐渐意识到，这个世界上人和人之间的距离竟然这么远，要相信一件事情，是多么难。

我曾经说过，我相信这个世界所有美好的东西，即使被一些人伤害得遍体鳞伤。

那天有人说我装。

可只有我知道，说那句话的时候，是我曾经最好的朋友背叛我的那天。

一直想说，一段错误的感情只是证明之前做的一些事情不对、某个人不对，不代表着以后都不对。未来一定会在一个地方，有一个人等着你。而你需要做的，是让更好的自己去迎接，而不是带着阴影去质疑。

所谓爱情，就是在特定时间段的特定产物。只要你在这段时间用心了，用尽全力了，结果其实并不是那么重要。就算分开的时候有一些伤害，只要这些伤害能够让你成长，只要这些经历能够让你变得更优秀，这场恋爱就是值得的。

总结一下失败的经验，然后收拾好行囊再出发，为了遇到更好的人，更为了遇到更好的自己。

所以，失恋不可怕，可怕的是因为失恋、因为已经离去的人、因为已经不对的人，把自己打败。让自己失去了对这个世界美好的认知，让自己失去相信一个人的能力，让自己活在阴影中。

记得，打不倒你的，只会让你变得更强。无论遇到什么，让自己阳光微笑每一天，去感谢那些曾经陪过你的人，微笑地告诉他，谢谢你，我会继续幸福下去。坚信随着自己越来越棒，会有一个人在不远的地方等着你。这样的你，才应该是幸福的你，才应该是讨人喜欢的你，才应该是自己爱的你吧。

好的爱情，是精神上的门当户对

有一个古老的希腊传说，美丽的阿芙洛狄忒是希腊众神中最美的神，是爱与美的象征，所有奥林匹斯山的男神都愿意倾倒在她的石榴裙下。

和她生过孩子的神有帅气的海神波塞冬、英勇的战神阿瑞斯，有凡人，有王子……可是，她最后嫁给了一个又丑又瘸的赫淮斯托斯。无数读过这段神话的人都会问，为什么？

答案很简单，赫淮斯托斯是赫拉和宙斯的儿子（标准的官二代、富二代）；阿波罗等众神的好基友（群众基础好）；除了造物，没有搞过婚外情（好不容易看上雅典娜还被女神嫌弃了好半天）。这真是太适合结婚的好男人了！

最关键的是，他和阿芙洛狄忒，门当户对。

可你知道最后发生了什么吗？

他们结婚后不久，阿芙洛狄忒出轨了。

美貌绝伦的女神不喜欢勤勤恳恳的赫淮斯托斯，而爱上了奔驰于战场的战神阿瑞斯。他们多次偷情，直到被阿波罗发现，告知了赫淮斯托斯。

赫淮斯托斯找到了宙斯，咒骂她的罪行。很快，他们的感情就灰飞烟灭，消失得无影无踪了。

明明是门当户对，为什么最后却没有好结果？

答案很简单，两个人是否能最终走到一起，看的不仅仅是背景上的门当户对，更是精神上的门当户对。

我有一个好朋友是舞蹈学院的大美女，追她的男生恨不得一车车地运，她家庭背景不错，自己也有一份不错的工作。

我和她认识了三年，算很了解她的朋友之一，她在女孩子中是奇葩一朵：她一个人去过西藏，考上了研究生但放弃了，交往过的男朋友从老板、富二代，到电影导演。用她的话来说，姐浑身都是文艺细菌。

那些人家庭背景不错，工资收入也不少。

每次我都会刺激她说，是啊，你这细菌再不治疗，过两年就要变成传染病了。

她分手的速度很快，有时候我几个月没见她，她就能更换好几个男友。每次分手,无论是她甩别人还是被别人甩,她都撕心裂肺、痛彻心扉。我每次看到她的朋友圈,都会心疼,心想,赶紧来个靠谱的人把她收了吧。

可是,哪个接盘侠肯接这位大神啊!

她曾经跟我说,我需要一个能驾驭我的人,至少要门当户对。

我说,好像之前你找的那些人,都是和你门当户对的啊。

她说,也是,可就是觉得哪里不对。

我问,哪里?

她摇摇头,说,就是聊不到一起去。

久而久之,聚会时她时常激动了就开始大骂,男人都不是好东西!说完看看我,然后赶紧补充,你还可以。

这样一位姑娘,我总以为她挑三拣四最终会孤独终老,可她去年居然被一个理科男拿下了。那个理科男在一家会计师事务所工作,成天跟数字打交道,朝九晚五。

据说理科男二十四岁的时候就用父母给他的钱付了首付,买了房子,然后每个月还房贷,很少出国旅行,甚至不知道情人节要送花。

她说,我那个男人说好听点是踏踏实实,说难听点,不就是无聊嘛。

我问,为什么是他?

她说，我曾经以为找对象应该是门当户对，其实，精神上的门当户对才是最重要的。

她继续说，最好的感情其实是彼此都能进入最舒适的生活状态。

他们刚在一起的时候，我第一反应是，坏了。这姑娘把我们文艺圈的人祸害完了，然后开始朝着理科圈进军了。

可婚礼现场上，当我看到她剪掉了那头销魂的黄头发时，才知道，人走入婚姻殿堂时都是会变的。有一次我和她聊微信，我偶然问到她，为什么是他？

她说，你别想了，已经晚了。

我说，去你的。为什么？

她说，因为他踏实，人好，能过日子。他和我一样，喜欢读书和旅行，我们在一起很舒服。

我在电话这边愣住了，这简单的几句话，直接刺中了无数人的心。恋爱和结婚，原来完全不一样，恋爱，要和最爱的人在一起，但结婚，要和最舒服的人在一起。

原来一直不明白林徽因为什么会选择梁思成，而不选择情圣徐志摩，因为梁思成是谦谦君子，是过日子的人，踏实，人好，舒服，仅此而已。徐志摩的爱情种子太多了，当两人的爱情谈得太轰轰烈烈，习惯了火辣辣的生活后，就很难适应平平淡淡的日子了。

既然爱情和婚姻不一样，何必还要保守地去想：我和他在一起万一没有结婚怎么办？我们没有以后怎么办？如果互相喜欢，两个人在一起就好了；如果相思，表白就好了；如果有好感，约出来就好了。在最年轻的时候，和最爱的人恋爱，然后和最踏实的人结婚，去和那些最门当户对的人在一起，记住，是精神上的。

不要去担心恋爱的结果，如果最爱的人变成了最舒服的人，岂不是更好。

无趣的不是对方，是你还没有收心

那年大卫二十二岁，当了两年兵就退伍了，回到家乡开起了出租车，父母着急催他结婚。母亲告诉他，现在二十二岁结婚，二十三岁生孩子是最好的年纪。娘就是二十三岁生的你，等你到三十岁再生孩子，就晚啦，家里的人会笑话你的。大卫从小到大乖巧听话，母亲说的话，大多他都会言听计从。这一次，他也不例外，只是问题来了，娶谁？

大卫没有谈过恋爱，高三时谈了一个还被班主任给拆散了，压根儿不懂什么是爱情。母亲想了想，说，邻居家的小章不错，人踏实，年龄和你差不多，就是没工作，也是着急结婚，要不你们试试，看看怎么样？

还没等大卫说同意，老妈的电话已经打到了小章家。

第二天，两个人就在家里见了一面，小章小家碧玉、性格内向，大卫沉着冷静。两人一见钟情，谈了两个月，很快就结婚了。婚礼办得很高调，全村的人都来了，恭喜这对郎才女貌的新人。

结婚后一年，小章生了个大胖小子，一切都按照计划进行，没想到，大卫开始厌倦了这段婚姻。

大卫找到我的时候蓬头垢面，我安静地听着他的控诉，却不知道该说些什么。

那个女孩子在家很勤快，但是在外面工作能力很差劲，家里的支出完全是自己在维持。曾经深爱着的女孩子，久而久之却变成了无聊乏味的伴侣。大卫每天开十五个小时的车，回家后脾气很坏，动不动就发火。她讨厌这个男人身上臭臭的汗味，她不喜欢他回家就看电视睡觉的死样，可她敢怒不敢言。久而久之，他们没有了沟通，没有了交流，只剩下冷冰冰的责任和相处。

其实有时候我会想起"婚姻是爱情的坟墓"这句话，为什么大家都在说爱情的美好，却没有人说婚姻的浪漫。因为所谓的婚姻，就变成了柴米油盐酱醋茶，而少了浪漫的语言和深情的目光。

我安慰他说，很正常，所有的人在结婚后，都会趋于平淡。毕竟激情消退，人情冷却，剩下的就是平平淡淡。

大卫继续说，这还不是最糟的。

大卫为了补贴家用，在一家创业公司做事，公司老板是个干练有成就的老女人，暂且叫她 W。W 喜欢哈哈大笑，办事老到利索，最重要的是，有钱、单身，还很喜欢大卫。她时常带着大卫参加各种会议，见各种不同的人，她不喜欢大卫整天穿着同一套衣服，很难看，于是她在大卫办公室放置了一个衣柜，给他买了许多名牌西服。

W 和大卫出去开会，名义上大卫是秘书，但实际上，W 都会用手挽住大卫的胳膊。她喜欢大卫有力量的手臂。

久而久之，W 开始把自己不顺心的事情跟大卫说，大卫则变着法子逗她笑。大卫说，因为 W，他开始喜欢上班。他在家的时间越来越少，和 W 单独在一起的时间越来越多。

那天下班，公司组织团聚，在 KTV 里几个人喝了几杯，洋酒的后劲儿大，没多久，几乎所有人都感觉天旋地转。他们借着酒力，开始玩真心话大冒险。

大卫输了，同事跟着起哄，让大卫打电话给自己老婆，说"我爱你"。大卫无奈地打了电话，那个时候，是晚上十点半。

大卫打通了电话，那边懒洋洋的声音，说，喂。

大卫忽然有一些不好意思，慢慢地说，我爱你，老婆。

歌厅里的同事尖叫着，呼喊着，像是在羡慕这对夫妻，又像是在嘲笑这段爱情的那一点点尴尬。

可是，电话那头，传来了一个懒洋洋的声音，说，哦，你几点回来？

天哪，她竟然只说了一个"哦"！我们玩得这么开心，她竟然问几点回来！这个女人，还敢更无趣一些吗？

W看到了一切，没有说话，起身走了。

W跟大卫暗示过，说自己愿意照顾他和孩子，只要大卫跟她结婚，她能给大卫所有他想要的。就是这些暗示，让大卫一天天地怀疑着自己已经做过的选择。其实也是生活的无聊，让他忽然明白，自己才二十四岁，难道要一辈子这样过下去？

大卫不喜欢穿西装，但W又是强迫症，非要他每天换衣服，于是，大卫必须每天换不同的衣服，见不同的人。他说，他从来没见过这么多牛人。

在W的带领下，他们公司的业绩拿了集团的第一名，大卫作为助理功不可没。到了庆祝当天，大卫兴冲冲地去了W预订的那家餐馆，却只看到她一个人。

这顿饭与其说是庆功宴，还不如说是烛光晚餐。他们点了红酒。几杯下去，两人的语言也从刚才的尴尬，变成了温柔，变成了舒适。

忽然，W说，我给你买的新衣服呢？

大卫说，今天放松就不用换衣服了吧。

W的脸色忽然变了，她冷冷地说，那请问，我给你买衣服是为了什么？

大卫哑口无言。

W切了一块牛肉,说了两个字,去换。

大卫起身,回公司换衣服。

他说,虽然很烦,但是他愿意为她做一些事情,果然,W脸上露出了笑容。

大卫给我一板一眼地讲着,他似乎一点都没有意识到自己出轨了。

他越形容爱情美好,我越觉得不对,直到他说了一句,尚龙,我知道我做的是错的。我或许只是太寂寞了,我跟我老婆结婚后忽然发现,这根本就不是我想要的生活。极品的丈母娘、不争气的老婆、遥遥无期的房贷、庞大的外债。我真的很想放弃现在所有的一切,回归单身;我也想过,如果是错误的爱情,还不如赶紧结束,去选择和W在一起,日子能过得舒服很多。

如果是你,你该怎么做?

我吓了一跳,赶紧说,不会是我……

纸,永远包不住火。不久,小章去给老公送饭的时候,看见了老公和另一个女人紧紧地依偎在一起。小章转身回家,眼泪哗哗地流,她没有说话,只是默默地隐忍着这一切。第二天,她带着孩子,搬到了外面的一个小屋子。她留下一封信,只有一句话:

大卫,我都知道了,做选择吧,我可以不计较所有的过去,但我希望你能回头。

大卫一夜之间，白了头，他迷茫，一方是朝夕相处的家庭，另一方是唾手可得的自由。

当小章搬走了家里属于自己的东西，大卫忽然崩溃了。一盏灯挂在家里，没有人会知道它一直在努力地亮着；可当它忽然灭掉的时候，才知道这盏灯是多么重要。

家里弥漫着小章的味道，每个痕迹，都印着他们在一起的时光。

我不是心理医生，但是我见过太多痛苦，都源于选择越来越多。"一"是一个好东西，但一旦变成了"二"，一切都复杂了，无数的纠结难过，都是因为从一变成了二。的确，是该追求自由的爱情，还是要忠于家庭？

我的回答很简单：这只是你以为的爱情。

其实我见过太多很早结婚的朋友都遇到过这样的问题。或许，他真的被生活压抑了太久；或许，他被假象蒙蔽了双眼；又或许，他怀念自己的单身时光了。

于是，我给他讲了一个故事。

曾经一个朋友结婚后，生活趋于平淡，她讨厌和老公每天一模一样的生活，即使老公对她很好，但她讨厌日子像上了发条一样的节奏。于是，她有了外遇，那个男生也疯狂地爱上了她。终于，他们决定摊牌给她的老公。

最终，老公放手了，她没来得及为结束的这一段婚姻难过，就投入了新的感情中，因为爱情的力量太强，悲伤被瞬间点燃，燃烧得消失殆尽，只剩下他们两颗急切的心。她有了新生活，有了新伴侣，无论别人背后怎么说她，她都很坚定，我就是我自己，我要追求完美的爱情，仅此而已。

可就是我说过的那句话，再热的恋情，也会有退烧的一天，当热血冷却下来，剩下的对彼此的依赖，才是爱情的本真。

一年后，朋友很快再一次厌倦了新的婚姻，在她再次开始寻鲜的过程中，忽然明白，原来不是自己的配偶无聊，而是她根本不应该早结婚，她只是在寻求爱情的刺激。无聊的不是配偶，而是她所创造的婚姻。

不仅是她，男人也忽然意识到，当偷情的刺激感消失，他变成女人生活的主要部分时，感情便大打折扣。很快，两人离婚。你知道，他们错在哪里了吗？他们认为恋爱和婚姻是一回事，他们认为他们会一辈子激情下去，却不知道婚姻终究会归于生活，归于平淡。

大卫听完叹口气，仿佛忘记了自己的困扰，他说，不仅如此，那个女人以后也会继续找男人，只是因为她不甘心平淡，不甘心无聊的生活。恶性循环。

我说，对。其实世界上的刺激可以通过很多方式去追求，可以去不同的地方旅游，看不同的书，可以做不同的工作，感情是专一的，不宜寻求刺激。维持住婚姻最好的方式，就是减少一些无谓的选择。

他点头，说，何况有些刺激本来就不属于我。

他继续说，她不买奢侈品，照顾家，爱我，会在工作之余给我做饭，冬天会给我暖被窝……

他说了好多，眼睛红了，我不停地点头，认真地听着。其实我清楚地知道，他的疑问解决了。他们结婚快三年了，不是不爱，而是习惯了对方。他只是以为那种习惯不再是爱了，但习惯也是爱。

对了，婚姻不是爱情的坟墓，只是对于追求感情刺激的人来说，婚姻才是爱情的坟墓。

大卫再次见到我的时候，儿子已经一岁多了。他告诉我，小章原谅了他，他很幸福，每天下班都回家陪老婆孩子。

他说，他再也不用换各种各样的衣服了，他只用穿一件衣服，这件衣服，虽然不华丽，但他穿得很踏实。

虽然生活累点，但他幸福地活着。

他继续说，谢谢你那次给我讲的故事。接着，他忽然愣了一下，问我，是真的还是你编的？

我笑了笑，没说话。

他也笑了。也是，真不真，重要吗？和小章的爱情是真的就够了……

Part

4

永远在路上
的少年

每个人都有不可忘怀的青春,
那些看似淡了的友情岁月,
时而也会露出清晰的轮廓,
在夜深人静时,伴随着我们每一个人。

永远在路上的少年

那年,一个少年独自走在世贸天阶,背着包,不敢往天上看,因为上面有个大屏幕,秀满了恩爱,写满了思念,记载着各种虐单身狗的话。他一直低着头往前走,忽然,他停住了,因为,他看见了自己的影子:一个孤单的身影,被灯光照得格外孤单。他含着眼泪快步离开这个地方,外面是震耳的鞭炮声,那天是春节,他接了一个活儿,因为能多赚两千块,所以没有回家。他一个人回到租住的单间,打开电脑,整个合租的房屋里只剩他一个人,他打开电脑里的音乐,忽然,眼泪哗啦啦地掉。

那年年底,他拿着一本厚厚的剧本去跟制片方谈分成。制片方说这是一个好故事,一集两千卖不卖。

他说,卖。

监制说,那要按照我的要求改。

他说，好。

所以过年他为了赶工没有回家，一个人默默地改。外面的鞭炮声震耳欲聋，他却戴上耳机听着音乐不停地打着字，偶尔喝一口咖啡，看看深夜中的北京。他想象着有了这些钱能给父母买套好看的衣服，这个比过年更有意义。

除夕当天，他把改好的二十集连续剧发给制片方。没想到，监制辞职了，新监制又提出了新要求。

他没有抱怨，拿回剧本继续改。三天没有睡觉，他赶出了剧本交给监制。监制看完很满意，说等着吧。

可是，这一等就是一个月。

这一个月，他没有拿到钱，于是不好意思回家。在北京一个人，静静地看着人来人往，看着灯火辉煌，看着过完年回来继续打拼的人们。

一个月后，监制打电话给他，说，如果你想拿钱，就不能署名，因为我们不用没有名气的编剧；如果你署名，工资可能就没那么多，你选择什么？

他把手握成拳头，说，我要钱。

监制笑了，说，对嘛。

几天后，他拿到了这笔钱，给父母买了衣服，回家。

父母看到他憔悴的脸，难过又心疼，可他的笑，消除了父母的所有顾虑。

他说，爸妈，我很好。

再次回到北京，他去兼职给学生讲课，好在他的英语不错。与此同时，写杂文投稿。他几乎什么活儿都接，只要能赚钱。他经常一个人回到房间的时候，已是上了一天课，钟表指在晚上十点。他没有朋友，只有工作伙伴，他给自己泡一碗面，看着制片方给的方案，瞪着屏幕，戴上耳机，听着歌写着剧本。

这种日子，过了一年。

他习惯了晚上自己去楼下喝一瓶啤酒，习惯了爸妈打来电话时说一切都好，习惯了夜深人静的时候听着出租房对面那对情侣喘息的声音。他一心一意，坚信总有一天，通过自己的双手，能改变这样的生活。总有一天，他会笑着把这些讲出来，总有一天，他会让别人高看他。

和励志故事不同，男孩最终没有出名，没有成为富豪，没有成为什么大师。但他的坚持，让他的生活改变了。

那一年，他的发小儿来到北京跟他一起打拼。他租了一个大点的房子，房租他出大头。他们经常晚上喝酒到半夜，笑看着北京的夜景，在大排档哭得稀里哗啦。偶尔，发小儿问他，这个地方的饭会不会吃不起？忽然，他严肃了很多，安静地说，从今年起，北京没有我们吃不起的地方。

那一年，他的亲姐姐从美国回来。他买了车，从机场接回了姐姐，请姐姐去北京最好的餐厅吃饭，晚上请她去最好的小酒吧喝酒。姐姐找到一份不错的工作，他微笑着去帮他姐姐搬家。刚回来时，他姐姐问他，北京好混吗？他笑笑说，放心吧，有我呢。

那一年，他找到了一个爱他的女孩子，他不允许她坐公交挤地铁，每天接送她上下班；他给她买最好的化妆品和衣服，带她看话剧逛书店。他把最好的给她，因为她足够爱他。女孩子调皮地对他说，因为我在，所以你很幸福。但她的脸上才是洋溢着满满的幸福。

那一年，他有很多朋友回到了北京。那一年，他也交了很多新朋友。忽然，他不再需要面对晚上的孤单，不用再去直面白天的孤独，他不会翻开电话簿却不知道把电话应该打给谁了，不会刷着朋友圈想着去发些什么了。

一天，朋友跟他说，有你在，我们很幸福。
他问，为什么？
朋友说，因为我们没有经历过你曾经历的那些孤单和痛苦。我们可能经历的，你都帮我们用肩膀扛住了。

此时此刻的他，已经成为一个创业公司的联合创始人。他曾经以为，和励志故事一样，自己吃的苦，是为了以后成为人上人，然后去鄙视那些曾经让自己跪着的人，大摇大摆地一杯咖啡泼到那些人脸上。可他忽然发现，自己的努力，并没有让自己成为那种世界上不可缺少的独一无二的人。但是因为自己的努力，自己爱的人和亲人、兄弟、朋友，再也不用受同样的痛苦和煎熬了。

有人问过他，奋斗的意义是什么？其实奋斗的意义很简单，让爱你的人不会后悔自己的决定，让你爱的人不要遭受不必要的难过。

奋斗的意义很直白，只要你还相信，你能长出一双巨大的翅膀，不是为了让自己飞得更高，而是用这双翅膀为爱的人遮风挡雨。当这双翅膀足够有力的时候，自然也能带着他们飞起来，飞得足够高。

奋斗的意义不复杂，为了你爱的那些人能更幸福，自己挨上两拳，又有什么呢？

故乡的人

2015年9月3日,朋友圈被刷屏。因为是反法西斯战争胜利七十周年的纪念日,各国领导都会聚到北京。朋友圈里大家抒发着各种情怀和感慨。

我在台北出差,发了一条微博:老兵万岁。

9月2日,台北下着淅淅沥沥的小雨,101大厦周围灯火辉煌地迎接着周三的女生之夜,据说,今天晚上,所有夜店对女孩子都是免费的。

我坐在士林夜市的一个角落,一个人吃着大排档。

夜市的街道很干净,我点了两个菜和一瓶啤酒,享受着一个人的平静。

我虽是理科生,但知道常识:反法西斯战争中,国民党是正面战场;《赛德克·巴莱》的配乐还在耳边萦绕。所以,台北不也应该打个横幅唱个歌什么的吗?

可惜的是,那天晚上,台北很安静。

就在胡思乱想时,来了一位老人,拄着一根拐杖,蹒跚地走到了我旁边的一张桌子边。他卸下发黄的军用挎包,放下拐棍,艰难地坐了下来。

然后,洪亮地吼出一个声音:老板,两瓶啤酒!

刚好我也一个人。

那家餐厅,就两桌客人,我和他。

于是,我拿着啤酒走到老人桌边,说,大爷,一起喝?

大爷抬头看我一眼,说,大陆的?

我点头。

大爷打开两瓶啤酒,说,坐。

那天,我们喝到台北最后一盏路灯关了,喝到台北的洒水车音乐打破了黎明。

我想送大爷回家,他坚持不用。临走前,跟我说,尚龙,有些人,这辈子不见比见更有意义,有些事情,埋在心里,比讲出来更好。

我不停地点头,心里说不出的难受,那兵荒马乱的年代,那段生死难卜的岁月,谁会在乎一个人,谁会在乎一段故事。

台北的风吹得人很舒服,可我在风中,摇曳着行走,醉醺醺地晃动,陷入深思,不能自拔。

大爷和孙中山本家,叫孙中,就差一个"山"。他祖籍是山东济南,参加抗日战争时,他十五岁。

那年,他被分配到离家很近的国民党部队69军,69军刚入鲁时就开始扩军,于是,十三岁,他就穿上了军装。

他和班长关系很好,班长也是济南人,很照顾他。

班长问他,为什么要当兵?

他才十三岁,但咬着牙说,杀鬼子。

他从小父母双亡,双亲是被日本人放燃烧弹烧死的。他无依无靠,爆发了怒火,参军入伍,坚持要上前线杀鬼子。

终于,他如愿以偿,参加了淞沪会战。

日本人的飞机像长了眼睛似的,燃烧弹、炸弹一颗颗地往下扔,国军只是拿着步枪对着天上打,一个排一个排的人牺牲,班长被炸死,副班长顶上去。

大爷自豪地说,我们没有怕死的,我们的子弹都是从胸膛进去的,没有从后背进去的。

我问,那您中弹了吗?

大爷说,我上铺的兄弟当场就炸断了腿,我和另一个哥们儿冲过去救他,也差点被打中,后来我送他去后方照顾他,一直没有上前线。

他喝了一口酒,说,我们一个班,就剩下我和班长。

旁边的摩托车飞速驶过，几个和我差不多大的少年尖叫着，他们幸福地奔驰着，好像这个世界上只有他们，我喝得有些多，好像这个世界只有我和这个叫孙中的大爷。

日本人曾经放话说三个月消灭中国。

淞沪会战，虽然国军死伤无数，但日本军确实吓着了，没想到中国人这么顽强、这么难啃。

因为那些老兵，付出了汗水和生命，日本的阴谋才没那么快得逞。

那场战争后，69军因死伤太多，编号取消，大爷立功后回到济南。

他的工作并不累，于是很快，娶了妻子，并且有了个大胖小子。

孙中的妻子是他班长的妹妹，他和班长经过了许多的颠沛流离、生死攸关，两人早就拜把子，成了兄弟。

班长成了他唯一的亲人，他相信，兄弟，永远不分离。

不久后，美国在广岛、长崎扔下两颗原子弹。

再不久，日本投降，内战爆发。

最初他听说要离开大陆去台湾时，他一直犹豫不决，直到正式接到命令。

他点了根烟，知道大势已去。

他起身给唯一的亲人——老班长打了好几个电话，那边忙音，许久，一个匆忙的声音说，他的班长早都走了。

大爷问，去哪里了？

那边很不耐烦，说，还能去哪里，然后挂了电话。

1948年夏天，台北下着小雨，孙中第一次迈上台湾的土地。他没想到的是，本以为只是短暂地出差，那里却成了后半辈子永久的家。

大爷讲到这里，又狠狠地喝了一口啤酒，酒杯见底。

我问，后来班长去了哪里？

大爷说，他早就死了。

大爷来到台北，不停地打听着班长的消息。

数年，无果。

彼时彼刻，他无助到极点，他想念自己的家乡，想念老婆孩子，老婆和孩子现在还好吗？他们如果活着的话，孩子应该四岁了吧，会叫爸爸吗？

他经常想到夜不能眠，不知道海那边的家人怎么样。

一年后，领导给他介绍了一个高山族的姑娘，很快，两人就结婚了。

结婚前，他一直问领导，我在那边还有个老婆，这样算不算重婚。

领导说，重个屁。

1997年，当香港回归时，老人竟然哭得说不出话来。

子女问他怎么了,他没说话,沉默了很久很久。

一段时间后,一个中年人来到他们家,他羞涩地问,您是孙中先生吗?

大爷戴上眼镜,看着这个四十多岁的中年人,帅气、英俊,竟然和年轻时的自己有几分相似,他马上答道,我就是,您找我什么事?

中年人泪崩跪地,喊了一声,爸。

中年叫孙少,母亲给他起的名字。

父亲远走台湾,母亲没有抱怨。那个动乱的年代,她只能等,安静地等,家里虽然贫穷,但也能勉强维生。

母亲临走前,告诉孩子,海岸对面的台湾,有他的亲生父亲。

孙少说,他抛弃了我们,我不认他。

母亲说,孩子,不是他抛弃我们,而是历史抛弃了他们。

孙中讲到这里,眼睛湿润了,他喝下了瓶子里剩下的酒,沉默了。

老板在一边困得睡着了,马路上静悄悄的,像谁也没有来过。

孙少留在了台湾,陪在父亲身边,现在已经结婚生了孩子。

幸运的是,孙中有三个孩子,都在身边。

老伴儿虽是高山族,也会说普通话,台湾有关当局给老兵的待遇还不错,三个孩子都有工作,一家还算幸福。

那天是我到台北的第一天，却永生难忘。

大爷起身，此时，洒水车已经开始工作，黎明的光照射在马路上。他打了个哈欠，说，今天这母子四人该旅游回来了。

我说，谢谢您的故事。

他说，应该谢谢你陪我一晚上。

他起身离开时，忽然转身跟我说，孙少跟我说他母亲葬在了济南，不知道我这辈子有没有机会回去看看。

我说，想回去就回去啊，现在政策已经变了……

他摇摇头，笑了，说，算了，有些人，这辈子不见比见更有意义；有些事情，埋在心里，比讲出来更好。

一个海峡，隔着两岸，隔着历史深处的两群人。那么近，却又那么远。

第二天，我去了高雄，在海边，我听到了滚滚的海浪声……

他的肩膀撑起了我的梦想

一直很难动笔,因为越亲的人,越容易忽视他们的感受,直到我安静下来端详着他,准备动笔时,他已经老了。

直到今天,还有很多人问我,这么自由的生活状态,你是怎么说服你父母的?

因为,父爱伟大。

我没有当面称赞过他的伟大,但背后说了很多次,第一次动笔,写了删,删了改,只想不那么主观,终于还是逃不脱笔下的爱。

愿这篇文章,能让已经成为父母的人看到。

也希望,不要让父亲看到,因为没人愿意看到硬汉的眼泪。

他是个军人,军校毕业,被分配到了新疆。他含着眼泪去,却笑嘻嘻地带着一大家回来。

在那里，他认识了我妈妈，生了我和姐姐。

那时家里两个孩子，父母都是军人，工资不多，父亲清廉，从不拿群众一针一线，可孩子还要长大，还要继续成长。无奈，只能请奶奶爷爷姥姥姥爷三姑六婆隔三岔五来帮忙。

他在新疆军区管财务，因为能干能吃苦，很快就被提拔，进了机关。机关有一台摄像机没人用，他跟领导请示，拿回来整天拍我和姐姐。

视频里，两个小孩在妈妈的怀里，唱着当时红遍大江南北的费翔的歌曲，歌词模糊，音调也跑得不行。

我时常翻看那段录像，两个小孩坐木马，姐姐哈哈地笑，弟弟却哇哇地哭。

那台摄像机记载着当时最艰苦的岁月，左下角写着日期，从1991年到1994年。

那四年，录像里面装着家里的所有人，就是没有父亲，只有在镜子里偶尔反射出一个扛着摄像机的年轻人。

是的，当时，他还是一头乌黑浓密的头发。

就在父亲工作越来越顺利时，我们要上小学了。

他走进领导办公室，希望领导能批准他转单位，领导很诧异。因为他正在事业的上升期，此时换单位，虽是平调，却不得不重新开始。

但他坚定地说，两个孩子的教育，要跟上啊。

1995年，我们五岁，带着无知和空白，到了武汉，开始上小学。

十几年后，当我们都长大成人，在各自的岗位上创造着辉煌时，依旧会感谢父亲当年的决定，当然，还有他的牺牲。

我没见过父亲哭，从来没有，无论是多么难过的事情，甚至没见他抱怨过。

遭遇不公了，他告诉我们要调整心态。

小人得志了，他告诉我们忽略他就好。

人欺负到头顶上了，他咬咬牙顶上去，告诉我们做好自己的事。

从小到大，我和姐姐的三观被父亲的正能量影响着，他教会我不要指责抱怨，教会我永远乐观向上。直到今天，我还能有这样的影响力去影响别人，这些思维的根基都来源于父亲。

在新单位，他郁郁不得志，他不理解为什么别人的能力没他强，却升得比他快。于是他继续埋头苦干。

他不理解，为什么隔壁那个人又调职了，明明之前宣布的不是那个人。可他只能默默地辛劳着。

他懂那些潜规则，却从来不涉及。父亲从小告诉我，可以让人对不起咱们，但自己要问心无愧。

终于，我们中考那年，他收到了部队给他的转业批复。

那时，他已经是个不大不小的领导，气场很足，出门有人陪，远行有专车。

忽然要离开，让他不知所措，他以为自己会在这绿色军营待上一辈子，可忽然的变动，让他不得不重新开始。也就是那段时期，我明白了，这世上没什么所谓的稳定，只有不停奋斗的人，才能有稳定的生活。

这么多年，他让我佩服的不是他当过多大的官，赚过多少钱。而是他一直在学习，一直在开拓。

从转业开始，父亲的口号变了，变成了永远开拓，永远进取。

让人跌破眼镜的是，他没有在家闲着，拿着每个月固定的工资，那时有太多战友在家闲着打游戏看电视，他们说，辛苦了半辈子，接下来就享福呗。而父亲竟然去了一家保险公司，做了一名业务员。

我很难想象一向高高在上的老干部怎样低头求一个年轻人买东西，很难想象在全部是年轻人的团队里，一个老人如何生存。

我没听过他的抱怨，所有的痛苦，他只是默默地承受着而已。

我只知道，他一个月就考上了保险经纪人，高分通过了保险代理人资格考试。那一年，他还考了驾照，学会了上网。

许多年后，我依旧会开玩笑地说，我爸的这些优点都遗传给我了，没给我姐姐。

我姐一巴掌打了过来。

其实，无论年纪多大，只要还在进步，就永远年轻，永远青春。

每次回家，这个老头都在看书写日记，他告诉我，多跟内心沟通，才能知道自己要什么。

高考那年，我俩都算争气。

我考上了军校，姐姐也过了一本线。临去北京前，父亲知道我倔强，告诉我，无论发生什么，都不要跟任何人起冲突。

可是，军训开始了。我痛苦得够呛，发信息给父亲说想家了。

父亲说我不够坚强。

几年后，我退学离开。

父亲告诉我，当年他错了。

高考那年，他没有问过我想要什么，只是把他想要的，嫁接到了我的头上，用我的青春为他的梦想买单。

很少有家长会支持子女不读完大学，何况在体制内工作了那么久的他。大多数家长都弄混了自己想要的和孩子想要的，他们错误地让孩子用自己的青春去实现他们当年没有完成的梦想。

那段时间，他来了好几次学校，甚至派我姐来游说我。

我意志坚定，坚信能凭借自己的双手改变世界。

最终，他问我，你想过退学以后能做什么吗？

我写了一封很长的信给他，里面写着我的梦想和我对自由的渴望。

他叹了口气,终于同意了。

我承认我的固执可能伤害了他的心,他再也不能自豪地跟别人说自己的儿子曾经跟自己一样考上了军校,可是,他明白,这样做,能让儿子更加茁壮地成长。

确实,孩子成长了,父母也会高兴。

好在,我没有让他失望。

长安米贵,北漂不易。

当我一个人来到北京时,便下定决心拼出一条属于自己的路。

可交了半年的房租,瞬间腿软了,怎么这么贵?

父亲知道我窘迫,又怕我觉得没面子,给了我一张信用卡。跟我说,老子每个月给你 3500 元作为你的创业启动资金。

我任性地说,一分不花。

父亲说,有种你就真的别花。

后来我挤公交的时候,手机被偷,里面的电话号码都没有了。脑子里能背下来的,只有父亲的电话。

忽然想到,这些年的闯荡之所以敢如此放肆,是因为我坚信,这个硬汉永远在我的背后支持着我,为我保驾护航。

我拨通了父亲的电话,讲了现在的窘迫。一个人在北京,无依无靠,忽然眼泪吧嗒吧嗒地掉。

父亲竟然在电话那边笑,说,赶紧用老子的信用卡,买一部新手机。

我怀疑我一定不是他亲生的,但那时,我破涕为笑,说,好。

我一天天长大,父亲一天天苍老。

随着我工作开始忙碌起来,回家的次数也越来越少。他给我打电话总是简单几句,告诉我家里都好;我给他打电话,他总是挂了再给我打来。

回想起来,他几乎从未跟我抱怨过工作的难处。其实,这给了在外地打拼的我一个最好的后盾,在他的话语里,我总能感到安心和舒适,他在电话那头,帮我排忧解难,并告诉我,家里是永远的大本营。所有的难题,他都自己解决,自己默默地承受。

他无时无刻不在支持我,不求回报,何况,除了让自己变得更好,我还能给他什么回报呢?

终于,我当了老师,接着当了导演,马上也写了新书。

发布会那天,他叫了许多他的战友朋友来捧场,生怕儿子的场子冷了。他在后面鼓掌欢呼,结束后,他组了一个饭局,花了一万多块,特地为我庆贺。

那天在路上,姐姐告诉我,父亲回到家,就去书店找我的书,当他发现没有时,就去问售货员:你们有没有《你只是看起来很努力》?我想要,你们为什么不进两本?

每天在家里,他都在网上把我拍的电影拿来点击,他说,这样能让儿子电影的点击率多一些。

这条路我已经走得太远，虽然他已经无能为力，但他现在依旧想用绵薄之力去默默地支持我，保护我。

我在开车，忽然泪流满面。

十一回家，父亲早早地就在机场等我和姐姐。

他还是高兴地接过我们的包，开着车，回到了家。

妈妈做了一桌子的菜，我忽然意识到，自己已经很久没有回家了。

他没有催我们结婚，没有过分关心我们的工作，只是不停地跟我们炫耀，这个红烧肉是老爸做的，好吃吧？

妈妈在一边眼红，我们却笑到脸红。

那天，我看到父亲的脸色不对，他表面开心，内心却似乎隐藏着什么，晚上，终于还是露了馅。

我不知道发生了什么，这些年我在外面打拼，他不是说家里一切都好吗？

睡前，我把父亲的门推开一条缝，透过屋里的光线，隐隐约约地看到他的背影，似乎在写着日记。这些年，他一直保持着写日记的好习惯。此时，父亲一个人，边写边哭，在默默地流泪。

那天，我才知道奶奶去世的消息。

他一直隐瞒着，从未告诉我。

这些年，无论家里发生什么，父亲都一个人压在心里，他总是把最好的拿给我们，告诉我们不用怕，天塌下来，有老子顶着。坏的事情，他迟迟不愿意告诉我们，怕打扰我们的生活，怕影响我们的幸福。

那夜，无眠。

第二天，我强撑着微笑，早早地起来做了早饭，从门缝里看着还在熟睡的父亲。

有人说母爱伟大。

可父爱何尝不是？他悄悄地送出最好的爱，不让我们发现；他在火车站看着我们离去的背影微笑，转头就流下眼泪。而我们除了让他骄傲，还能做些什么。

时光慢些吧，不要再让他变老了，我愿用我的一切换他岁月安好。

后来，父亲来北京，我和姐姐陪着。

住宾馆时，父亲非要出钱，我们没有抢，只是看着他付。

他来到我家，依旧帮我洗袜子，边洗边说我不爱干净。我只是赔笑。

一个人出门时，父亲迷路了，一个那么坚强的硬汉，却迷失在北京。姐姐找了父亲半天，父亲看到姐姐，先是开心，然后立刻说，他只是在散步。

姐姐没说话，带着父亲回家，问他要吃什么。

父亲笑得很开心。

我却在后面，眼泪不停地掉。

的确，他老了。

要不要趁着他还能出去走走，多陪陪他？

要不要趁着他还能听到，多说两句我爱他？

要不要多待在家里几天？

带着青春，去大排档

认识小炎，是高中分班的时候。

那时老师为了大家整体学习成绩能够提高，安排一个学习成绩好的同学带一个成绩一般的同学，于是，我和小炎分到了同桌。因为我们刚好一个学习成绩好，一个学习成绩一般。

换座位的时候，我带了很多书，看着他空空的桌子上只有几张卷子、几个笔记本和一支笔，有一种莫名的优越感。

翻开我的书，上面记满了红色蓝色的笔记，再看看他的书，除了极少的黑色签字笔留下的痕迹，其他什么都没有。

下课后我去打篮球，他擤着鼻涕问我，你们打篮球的时候能不能带上我？

那时我想，人和人之间的差距真是大。

打完球，我恨不得跪在边上点头哈腰，问：大哥，这道题为什么选A？

小炎擦着鼻涕，淡定地解释着……

高考结束后，小炎以优异的成绩考上了华中科技大学，而我去了北京的一所军校。每年放假回家，我都会约他出来，两个人在大排档点上烤串和几瓶啤酒，吹着风，吸着汽车尾气，然后喝到躺下。

第二天拉肚子，痛骂大排档不干净，说再也不吃了。

到了晚上，又换了一家大排档，还是几串肉，一瓶酒，一个安静的晚上。

就这样，日子跟上了发条一样，假期结束，我回到部队，而他回到学校上课。直到有一天，小炎给我发短信，说，尚龙，我有女朋友了。

我很难想象一个书呆子能找到女朋友，更让我无法想象的是，在我这种人见人爱的帅哥还是单身的时候，他竟然找到女朋友了。

我说，我猜猜看啊，要不是个瞎子，要不是个傻子。

他说，为什么这么说？

我说，因为只有瞎子和傻子喜欢你。

他愣了一会儿，呆萌地说，我觉得我没有那么差吧。

就是这样，他总是没有什么幽默感，经常我讲了一个笑话后，过了好久他才说，你刚才那个是段子吧。留下我们一群人尴尬地看着他。

但真诚的人，世界总是会给他留下一些单纯的美好。

他找了一个学姐，姓吴，从照片上来看，很漂亮。

两人是在托福考试的培训班认识的，他们的座位一左一右，学姐听不懂的就会问小炎，小炎淡定地讲着英语，就像讲着中文。

学姐请他在大排档吃饭，点着烤串，谦虚地说，学长是哪个学校的？

小炎不好意思地笑着说，我刚看了你的学生证，我比你小两岁。

学姐惊讶地说，我竟然跟一个比我小两岁的娃一起吃着烤串……要不喝两杯？

那晚，小炎吃了好多烤串，喝了好多酒。自然，第二天两个人毫无疑问地拉了肚子。其实，没有什么比此时此刻生病更幸福了。因为那天，小炎拿着药，捂着肚子，走到了学姐的楼下。

两年后的一天，小炎来到北京，那天，他是来办理出国签证的。

因为工作，我已经快一年没见他了。在我的记忆里，他还在和学姐谈着恋爱，幸福地虐着我们这些单身狗。

机场接上他时，他穿着正装，说话一会儿 GDP，一会儿 CPI。而我一会儿说说房价一会儿谈谈摇号。

忽然发现，就这么几年，我们都长大了。就像《小王子》里面的那些大人，失去了纯真的美。

当他从大使馆出来的时候，我不禁问，为什么只有你一个人，学姐呢？

小炎轻描淡写地说了一句，早就分了。

小炎考上了美国一所非常不错的大学的研究生，成绩优异，最终留在了美国。工作找得非常不错，典型的美国中产阶级，有了一辆很好的车。偶尔回到北京和我见见。幸运的是，我们再也不用担心吃不起食堂的菜，而是可以奔波在大街小巷去做自己喜欢的事情。

去过很多餐馆，可最喜欢的，还是去吃大排档。

那天，我们穿着正装，坐在街边，旁边是热热闹闹的人群，我们把衬衣系在腰上，吃着串喝着酒，听着汽车的喇叭声、人们的叽叽喳喳声。在这繁华忙碌的城市里，我们丢掉一切本不该有的压力，自由地畅想着，聊着。

小炎喝着啤酒，忽然，眼泪止不住地流。

他趴在桌子上哭，周围的人看他一眼，然后继续吃着聊着。因为在大排档吃久了的人，都习惯看到陌生人的眼泪了。

他叫着学姐的名字，哭着，嘶喊着。

他打掉了那瓶啤酒，啤酒的玻璃碴儿落到了他的腿上。他的腿流血了，可是他继续哭着，他没有感觉到腿还流着血，只是回忆往事让他疼得难受。

他说，不要离开我，求你不要离开我，不要说我是小孩子，我已经长大了，我已经长大了！

我的眼泪在眼睛里打转，因为我知道，他在这两年事业最好的时候都是单身。

他哭累了，抬起头，我看到他红红的眼睛。

他说，我能打个电话给她吗？

我点点头。

他拿出电话，熟练地拨出了那串已经背熟了的号码，电话那头接通，两人都没有说话。

他只是一直在哭，哭了很久，然后说，对不起，那时我是个孩子。

此时此刻，他就这么像个孩子一样，眼泪掉到了皮鞋上，鼻涕流到了西装上。

小炎在大排档哭得睡着了，我抬他到宾馆。

忽然他的电话响了，一串没有存储姓名的号码，我接了，那头却没有声音。

我说，我是尚龙。

那边说，尚龙，告诉他，让他好好的，幸福点。

第二天起床，日子还会像原来一样继续过，小炎还会踏上回美国的路，我也还会继续干自己该干的事。其实我们都一样，无论过去多美好，故事多动听，我们都要回到现实，都要跟青春说再见。

我们嘲笑小炎昨天哭得像狗一样，追问两人之间到底发生了什么。他不好意思地说，我有那么失态吗？

我说，真后悔没带个DV给你小子都拍下来。

小炎笑着说，至少比你个单身狗强。

就这样，他也学会了开玩笑。

他临走前，我们又路过了那家大排档。

小炎愣了一会儿，说，我想买几串肉，我们一起吃。

我笑着说，好，吃剩下的，我打包回去。

当时光走散了故人

有人说，朋友平时不用多联系，需要的时候打个电话就好。

而我认为，朋友偶尔也要联系联系。无论距离多远，心总在彼此身边就好。

令人感动的是，和我断了联系好久的朋友，忽然在夜深人静的时候，打了一个电话，然后哭着说了一句对不起。

这个故事，我酝酿了五年，不知道如何提笔，终于，因为那个电话，让我们彼此内心都释然了。这结局或许不圆满，青春的呼啸，岁月的纠缠，就让我们随着成长，一同默默地缅怀吧。

猴子跟我是高中同学。

准确地说，我们不算同学，他只是我的朋友。因为学习成绩不好，他没考上高中，而是去了隔壁的中专。

那时，古惑仔风靡一时，隔壁中专的学生总是把头发留得长长的，成群结队地在我们学校门口晃悠。

他们对着女生吹口哨，甚至把男生拦在一个角落"谈谈"，接着拉拉扯扯。久而久之，大家一听到他们学校的人又来了，都会绕道而走。

我和猴子的关系很好，高中那几年，他教我社会上的东西，我教他学习。

那时，我无意混迹于江湖，只想考个不错的大学，然后安安静静地过一生。

可青春不给我安静的时光，一天下午，我姐在学校门口被人表白，姐姐是学校里的佼佼者，坚决不早恋，于是，毫无悬念地拒绝了他。那人是出名的混混儿，拉着众人陪着表白，被拒绝后，脸上挂不住，当众打了我姐一巴掌。

我知道这个消息的时候，还在班上打扫卫生，朋友冲进教室喊：龙哥，你姐让人打了。我急忙跳了起来，拿着扫把冲了出去。

猴子在校外等我，我没来得及跟他打招呼，冲出校门，叫上几个兄弟急忙就跑了过去。

老远，看见几个人围着姐姐笑，我姐在中间哭，我拿着扫把，劈头盖脸地打了过去。他们没有反应过来，已经被我放倒了好几个。那天，我燃烧了青春几乎所有的热血，打得对方满身是伤，只听到我姐姐的哭声和对方的求饶，自己打得兴起，完全不觉得疼。

可对方是资深混混儿，很快又有几个人加入斗殴，发小儿耗子被打翻，兄弟小一也被几个人围攻。我在中间，一个人打好几个，挨了几拳，战斗力依旧不减。正在这时，猴子老远看到了我们被围攻，他拿着砖头疯子一样地冲了过来，照着对我下手那个人的脑袋就是一下，那人倒下的时候，所有人都惊呆了。

好在伤势不重，那人倒下去不久，又拼命站了起来，那些花花绿绿的人看到隔壁中专的学生来帮忙，匆匆逃离现场，指着我说，你牛，李尚龙！给我等着。

从此，我在江湖上，算是留下名声了。

江湖上有一句话，叫：冤冤相报何时了。

几天后，我被对方几个人围在校门口，他们对我推推搡搡，对方人多，我无能为力，于是只能等待着厄运的来临。忽然，他们大喊一声：快跑。

老远，猴子赶了过来，他吼叫着，都给我滚，谁动他一下我弄死谁。

那帮人听说过猴子打架野蛮，只好无奈地跑了。

那个时候的青春年少，心里总是伴随着一些奇怪的热血，那种为了兄弟能付出一切的感觉，不怕背叛，不惧未来。可到头来，还是会被世界碰得头破血流。

也正因为猴子打架野蛮，从此，学校的小混混儿都会让我三分。

高三，每次月考结束，我们都会去隔壁的餐馆聚聚，他笑我们要高考，我们笑他没学历。

学校边的每个角落，都有我们的青春回忆。高考结束，我们喝醉在学校大门旁，我嘟囔着，说自己无论考成什么样都不会复读。

猴子不知道高考那一年学生都经历了什么，他只是把手放在我肩膀上，说，都会好的，兄弟。

那天，是我们第一次喝得酩酊大醉，后来猴子喝多了，我们端来茶水，说，喝点茶会好点。

其实，茶里倒的都是啤酒。

这货喝了好几杯，才吼了一句，这茶的味道怎么像酒。我们大笑。

高考那个月，下了一场大雨，很快我提前去了北京，耗子去了吉林，小一留在了武汉。那年，还记得一件事，我和谈了一年的女朋友分手了，她不相信异地恋，于是找了一个跟她考入一个学校的男生。

我在几个兄弟面前哭得像个鬼，他们安慰我，猴子却没说话。第二天，猴子单枪匹马去找那个男生，却不知道他是体校的，最后猴子挂着彩跟我见的面，我却忽然哭得更厉害了。

我怪他，你干吗啊？总是跟人打架？

第二天，我们和体育学院的男生在操场上群殴，那一架打得我们都挂彩了。不过，我们的高中岁月，也随着那场架，结束了。

之后，猴子去了西安的一个建筑工地，成了包工头。

毕业，什么都变了，去北京时，他们来火车站送别，我笑了笑说，回去吧。

猴子笑着说，以后要飞黄腾达了，别忘了我们。以后哥过去给我弄包点儿八中南海。

那时，《奋斗》风靡一时，直到我去了北京，才见到了正宗的点儿八中南海的烟盒。本以为只是待上几年，却没想到，北京，竟然成了我最后一直奋斗的地方。

那天送别，他们笑着，我也笑着，可火车开启的刹那，转身间，所有人的眼泪都哗哗地落下。

岁月是一把杀猪刀。

最先跟我们疏远的，是小一，他找了个女朋友。女朋友不喜欢我们那种江湖气息，她喜欢踏踏实实地过日子，于是，他和我们逐渐就远了。

后来，他结婚当天，也没有请我们，可我们还是送了贺礼。

听说他在婚礼现场哭得稀里哗啦，叫着我们的名字。

随着人一点点地长大，过去的朋友大多都会疏远，毕竟，人总会进步，进步之后，就会有更广阔的人脉圈。

可年轻的时候，没人会回头，总会觉得自己是最牛的，所以不停地往上爬，爬着爬着，就忘记了过去形影不离的朋友。

耗子去了东北，联系也少了。

而我在北京的一所军校，整天压抑难受，无人谈心。于是时常给猴子打电话，他在那边也过得不好。

终于，他还是变了。

最先是办了一张信用卡，接着是到处请别人吃饭喝酒，后来发现还不上钱了，于是就想到了远方的我们。

他先找耗子借了五百，然后又找我借了五百。

我多了一句嘴，说，什么时候还我？

他说，会还你的。

一个学生，其实也没多少钱，于是，我经常催他，问他什么时候还钱。

最终，他发怒了，说你总是跟我谈钱干吗？

那天，我脾气也不好，在电话里和他大吵了一架，重重地挂了电话。

那是最后一次我主动给他打电话，从那时开始，我的生命里少了一个叫猴子的人，你可能不相信，为了五百块钱，真的是五百块，我们相忘于江湖。我情愿相信是其他原因，可是当人不断长大，竟然潜移默化地遗忘了自己曾经的理想，却全然不知。

青春，你让感情何去何从。

偶尔回家，路过学校，会想起我们高中时的疯狂。

学校边上的小商小贩已经搬走，我们吃大排档的地方，也都被拆掉了。

可是，青春的记忆，是拆不掉的。

我很想给他打电话，他却早就换了电话，联系不上了。几年后，我在北京开始创业，耗子来到北京，加入我们团队任设计总监。偶尔我们喝酒，还会想起过去，但最终却无奈地摇摇头。

毕竟，谁也不知道分别的背后隐藏着什么样的无奈，只知道时光荏苒，物是人非。

后来，我便失去了他的消息，只听说他换了几个女朋友，日子过得不算太好。

我在北京，从英语老师，变成了电影导演，然后变成了畅销书作者。

有一段时间，我的文章传播得很广，这些事情，让我很紧张，生怕自己的朋友受到伤害。于是，我写文章都用化名，甚至一度不敢写东西。找我出书的人也开始多了，于是我经常一个人在夜里写了删，删了写。

随着生活忙碌，也忘记了过去的种种。

一晃，我和猴子五年没见。

我们在一个世界的两条平行线上生活着，没有交集，没有重合，也没有彼此的消息。

一天晚上，夜深人静，忽然电话响了起来，那头一个熟悉的声音：是尚龙吗？

人最怕的，就是朋友忽然关心，或被遗忘好久的朋友忽然想起。

我说，你是谁？

电话那头传来一个声音，我是猴子。

正在赶稿子的我，忽然像是穿越到了过去，我拿着电话，久久不能平静。

他在那边抽泣着，很明显是喝了酒，他一个字一个字地告诉我，尚龙，对不起，五年了，我终于鼓起勇气打给你了。

这些年，猴子一直关注着我的微博。

他看着我一步步地走着，他痛心我的难过，欢喜我的高兴。他生活过得一般，因为没读过书，屡次被人歧视，他会处理人际关系，却因为站错队，屡屡受人排挤。

几次恋爱，都只是因为对方的家长是他的领导。

他怀念我们一起无忧无虑的日子，就像我一样。每当夜深人静的时候，他会迷茫空虚，偶尔打开我的微博，看到我写的话，见证我一点点忘记了的高中时那段友情岁月。

他说，他一直想给我打电话，却不知道说些什么。

我说，就说说这几年你怎么过的吧。

他说，今天和朋友聊天，他给朋友讲了我和他的故事，被朋友骂了一顿，说他浑蛋，为了一点钱，吵成这样，还放弃了一个朋友。饭后，朋友走了，他就哭了。

我说，别哭兄弟，我这不还好好的吗，我们不还在打电话吗？

他说，我不知道我还配不配当你兄弟，对不起。龙哥，不，尚龙，我还是想叫你尚龙，我不想像别人称呼你一样叫你……咱们是不是再也回不去了？

时光最残忍，把许许多多的对不起，变成了来不及。可是，时光也明明在我们最年轻时留下了最难忘的印记。

我说，兄弟，谁也忘不了自己的青春。谢谢你，在我最年轻的时候，走进过我的生命。

他笑了，问，什么时候回家，我们去喝一杯茶。

他继续说，不兑酒的茶。

我笑着说，要不过几天，我去西安看你吧。

那天，星星格外亮，马路上安安静静的，没什么人，我一个人走在路上听着音乐。我打开了许久没有打开过的人人网，看着之前的照片，那时的我们无忧无虑，风华正茂。那时的友情岁月，或许，再也回不去了。不过，既然青春无法回头，那么，就勇敢地走下去，然后永远记住那些美好的瞬间，就好。

想到这里，我笑了。嘴角，有两行咸咸的泪水。月光和路灯把我的影子照得很淡，忽然，随着灯光的集中，又清晰可见，就像每个人不可忘怀的青春,又偶尔浮现在眼前;就像那些看似淡了的友情岁月,时而露出清晰的轮廓,在夜深人静时,伴随着我们每一个人。

不要活在别人的朋友圈里

好朋友石叔的朋友圈很久都没有更新了,我怀疑他把我拉黑了。很好推断,怎么会有人朋友圈这么久都没有更新的呢?

我这人性格比较直,于是直接找到石叔,问他,你是不是把我拉黑了,有意思吗?我做错了什么,你直说不就行了,何必把我拉黑呢?

石叔委屈地看着我,说,天地良心啊。然后他拿出手机给我看,你看,真的没有拉黑,我就没发。

我好奇地问,那你为啥不发,之前不是每天都有动态吗?

石叔无奈地摇摇头,因为,我加了我的领导……

他告诉我,之前,他只是想默默地成为一个低调的员工,踏踏实实地找个媳妇过小日子。结果没想到干得太好,领导比较看重他,领导笑嘻嘻地跟石叔说，加个微信吧。

石叔本想拒绝，但一看是领导，只能默默地加上微信。从那时开始，石叔的朋友圈里安安静静的，什么也没有。他说，我又不能把他拉黑，要不然他看到我这里一片白，多尴尬，他一激动还不得找我喝茶聊聊人生。

那天，我教会了石叔分组功能。石叔惊讶，你怎么不早点来找我？

我笑笑说，小意思。

石叔这个故事还算是正常的，小明是我原来的同事，他的朋友圈里晒满了吃喝玩乐，有时候还加上自己两张自拍照。总之，就是一个人最放松状态给朋友看的样子。他很喜欢记录生活的点滴，快乐无忧着。忽然有一天，他的微信风格变了。"又加班了，这么拼真的好吗？""每天都这么努力，只为了让自己在这个公司发光发亮"，我一开始以为小明又看了什么心灵鸡汤励志故事，后来才知道，原来老板加了他的微信。

以前，我会在朋友圈写一些生活的感悟，电影的影评和朋友相聚的喜悦。甚至，偶尔会记录一些生活中的挫折，失恋的难过和吐槽领导的话语。可随着我们的生活圈越来越大，我们对朋友的要求越来越低。朋友圈也越来越广，能公开给朋友看的话题就越来越少。当我们发一条朋友圈仅仅是为了多看到赞，而不是为了抒发情感，这样的朋友圈，早已经不是"朋友"圈，而是一个自己展示自己的舞台，是一个微商代购的场所，是一个炫富拉仇恨的地方。

之前有一个统计，说美国每年因为Facebook分手的情侣占了百分之三十。而身边因为朋友圈吵架的情侣，因为朋友圈产生矛盾的朋友，因为朋友圈受伤害的父母也数不胜数。

我继续讲小明的例子，小明是一个北漂，每年回家见父母的日子也就那么几天，加上小明比较自我，往家里打的电话也少。久而久之，父母对他的了解就是通过朋友圈。

忽然有一天，小明的母亲打电话给他，可能是刚好小明在忙，说了两句着急的话就准备挂电话。没想到电话那头的母亲忽然掩面而泣。她哭着说，你在外面一个人打拼吃尽了苦头，天天加班，怪妈妈无能，让你过着这样的生活……

小明惊呆了，完全不知道发生了什么。他赶紧安慰妈妈，说自己过得很好。

而他妈妈却说，别装了，我都知道，你的心情，都写在朋友圈里了……

小明忽然明白了，自从他老板关注他朋友圈后，朋友圈里增加了太多太多工作的事情，吃喝玩乐的照片却减少了许多。虽然生活中吃喝玩乐还在继续，但放在朋友圈的却寥寥无几。母亲了解他的状态只是通过朋友圈，自然就会觉得，他的日子一天不如一天。

娱乐圈里有一句话：导演喊开机时，一切都是假的。当朋友圈变质，开始变成了宣传的媒介，变成了满足某些特定群体的工具，我们必须告诉那些关心我们的人，发在朋友圈上的，都是假的，不要在意。

话说回来，你有没有尝试过，当你发一条心情不好的朋友圈，朋友圈里的朋友的反应是什么？我试过。从前，我会立刻收到朋友跟我私聊，问我怎么了；现在，只是多了很多个赞。朋友圈，其实早已经不是曾经无话不谈只有朋友的聚集地。既然朋友圈已经失陷，就一定要告诉真正的朋友，那些都是假的！假的！假的！真的我会亲口告诉你。

朋友刚和自己的女朋友大吵了一架，他很无奈，说，她抱怨我总是不在朋友圈里发她的照片。而她的朋友圈里，都放着我的照片。

我说，可以理解，要是我我也生气。

他说，话不能这么说，她朋友圈里就三十多个人，都是她的闺密。我朋友圈里，都是领导同事，我真不想让他们知道我的生活。

我说，你可以分组嘛。

他说，我哪有那么多无聊的时间去打理朋友圈，本来发朋友圈就是一种随心的感觉，现在发东西之前，先想哪个组不能看。这样真的有意思吗？

他继续说，真不知道有什么好生气的，朋友圈都是假的，何必较真呢。

可是，她的女朋友认为，朋友圈就是真的。

信息量不对称,谁也不要胡乱猜测评判谁。

就好像别人去了你的生日聚会,没有晒照片祝你生日快乐,真别急着生气,说不定是他推掉了别人的生日聚会来参加你的;就好像为什么我这么久没有看到他的动态,原因只是他被领导关注了。

朋友圈早就变质了,既然写的东西只是为了满足特定人群的需要,就别因为社交软件记录方式弄得大家心情不好,把话亲口说明白,你还是我的好朋友。

我很庆幸,自己是一个比较怀旧的人,我也控制不住这么多人加我的微信看我朋友圈,可我依旧喜欢电话簿里面躺着的电话号码。时不时地,我会经常和朋友、家人打个电话,让他们听到我的声音;如果可以,我会和他们见面,吃个晚餐聚个会,让他们看到我的表情。让他们看到,你依旧是我很重要的人,有什么重要信息我会亲口告诉你,别因为一条朋友圈胡乱猜测。虽然我很怀念朋友圈无拘无束的交流,想念朋友圈肆无忌惮的记录,但毕竟,随着我们人脉圈越来越广,朋友圈早就不是"朋友"圈了。

摆脱他人的期待，遵从自己的内心

朋友 B 是个老好人。

毕业几年后，她依旧是个朝九晚五的白领，每天拿着公文包，出入办公室打卡，写文件汇报，每天按时下班。日子过得很安逸。据说工资也不少，很快，同学中间也传开了。

那天，她之前的室友发来一条短信，上面说，江湖救急，借我 2000 块。

那天晚上我刚好跟她吃饭，扯淡扯到了这里，她抱怨了两句，说，好久没有联系了，干吗忽然找我借钱？

我急忙问，那你借了没？

B 说，借了啊。

我说，你问为什么了吗？

B 说，她都说江湖救急了啊。我不太好意思问。

我说，你们都已经不熟到不好意思问原因了，你还借她啊。

B 说，那怎么办，总不能不借吧。

我继续问，问你个问题啊，要是她不还你怎么办？

B 说，怎么可能……

然后她胆怯地问我，不会真不还了吧？

我说，我又不了解她，不知道耶。

果然，两个月过去了，两人甚至不再联系，那人也没有跟 B 主动谈还钱。试想，借钱方都不着急，还钱方着什么急啊。但是，B 不是不急，而是不好意思。

几个月后，B 终究忍不住发给了朋友一条微信，说自己要交房租了，没有钱了，怎么办？

朋友爽快地说，下午就把钱给你。

果然，下午 B 拿到了自己借给她的钱。

B 跟我炫耀，说，你看，还是好人多吧。

我摸不着头脑，心想，欠债还钱天经地义，从什么时候开始，还钱这件很正常的事情变成是好人做的了。

可是，事情没有完，半年后的一次同学聚会上，朋友们都在纷纷议论 B，说她很小气，2000 块钱找别人追个不停。B 很难过，因为她只要了一次，怎么借了个钱，不仅没有当上好人，反倒惹了一身臊。她问我，到底发生了什么？

我叹了一口气，说，如果不是特别好的朋友，钱还是不要借了吧。救急不救贫，别因为一点小事就借钱，这样做不是因为你小气，而是你这种看似大方的行为，很可能就毁了个朋友。

我想起了读书那年，自己的一个好朋友信用卡透支了很多钱，那时我在北京，他在西安。因为我考上了军校，每个月还发一点津贴，虽不多，但在同学中也算挺骄傲的。

他打电话跟我借钱的时候，我也觉得不太合适，但既然是朋友，还是借了。

可因为自己也是穷学生，给了他500块后，我当月的生活质量立刻变差了。一个月后，我硬着头皮打电话要钱，他找了很多借口，最后还是没有还。他怪我太小气，说，怎么可能这么短时间还钱？

我说，那你给我一个时间好吗？

他继续说，你怎么这么没意思啊，才500块就这样。

我十分生气，电话里激烈地谴责，就这样，500块钱，断送了我们之间的友情，现在想想，好残忍。

几年后，我遇到了同样的事情，一个朋友找我借5000块，事情的经过简直一模一样，一开始，当想起过去的这段经历，我真不愿意借的，可是，这些年毕竟成长了很多。

我给了他1000，并说，不用还了。

的确，他后来也没有还。幸运的是，我们还是好朋友，友情还在，损失的钱也少了很多。

我一直觉得，借钱是最损害朋友关系的举动，因为本可以不用金钱衡量的感情，却非要放在金钱的天平上，左右着感情的重量。明明可以避免的麻烦，为什么非要现实化。我一直觉得，友情是这个世界上最美好的东西，但当开始借钱的时候，瞬间就脆弱了很多。

可能你会问了，那就是说不要借别人钱喽？不是，而是在你借钱出去的时候，就请做好思想准备，这钱可能要不回来了。很可能，为了保住友情，这样做是值得的。为了帮助那些值得帮助的朋友，这样做，也是值得的。毕竟这世上存在着真正的友情，这些东西是无价的。可如果一个很久没有联系的一般朋友忽然打电话张口找你借钱，恭喜，无论他是否意识到了，他的确是做好了跟你绝交的准备，借钱，是毁掉两个本来不太熟的朋友的最好方式。

可换个角度来说，当你在窘迫的时候，一个借给你钱的人，请一定要用心去感谢他。因为他摒弃了上述所有的分析，单凭你们之间的感情，打败了理性，认为世界上最美好的友谊是珍贵的。这样的朋友，应该用一生去交。毕竟每个人都有自己的生活，他愿意割舍自己生活的幸福去分享给你，分担你生活中火急火燎的难处，还有什么友情比这个更真的呢？

所以，别轻易去借钱，更要减少借钱给别人的机会。不是小气吝啬，而是在这互相之间如此脆弱的感情环境里，减少无谓的可避免的金钱试探。有时候不借钱不是因为小气吝啬，而是怕因此少了一个朋友。

后 记

大家好,我是李尚龙。

很高兴,你读完了这本书。

其实在写完这本书后,我的心情久久不能平静,那些鲜活的故事,很幸运,让我看到并且记载下来了。如果说之前写书是为了赚钱,那这本书,就是为了情怀了。许多文字,在落笔后时常会令我热泪盈眶,那些人,有些成了记忆,有些成了永恒。

很幸运,有这本书,能把这些好的故事点点滴滴记载下来。

谢谢你,能读完,并且看到最后的这段话。

现在的我,一个人坐在咖啡厅,看着来来往往的人,写着这篇后记,忽然想:形形色色的人们,匆忙地来来回回,可是,他们中间会不会有这本书的读者,如果有,他们在看完这本书后,能有什么可以跟我交流的呢?

在看这段文字的你,要不要抬抬头,因为,我可能就在你周围的某个地方,看着你笑。

所谓读书,就是一个和作者过招的过程,或许,我们会在一个城市偶遇，或许我们可能永远不会见到，但是，因为文字，我们已经有过了联结。你走进我内心，我也去过你心里。

这些天，因为第一本书的宣传，我带着我们团队的人，走南闯北，到全国各地去见读者，听他们的声音，看他们的笑容。

我看过很多人给我留言，说，谢谢我大老远跑来，分享书的点滴。

也听过一些人的分享，说，谢谢我的话能让他走出生活的低谷。

我也感谢你们，读完了这本书，认可这些故事，并把它传递给下一个迷茫的、需要温暖的人。

这次也一样，书上市后不久，我也会去全国各地见你们，到时候，希望你拿着书，带着你的朋友，我们席地而坐，畅谈点滴。

愿有缘分，我们彼此能够见面，聊聊这本书背后的创作，聊聊彼此生活中的疑惑。

愿那些深夜、孤单、寒冷，睡前、月下、路上、角落，有这本书的陪伴，你不再那么孤独。